中国的世界灌溉工程遗产

「十四五」时期国家重点出版物出版专项规划项目

中国水利水电科普视听读丛书

中国水利水电科学研究院 组编

李云鹏 周波 主编

中国水利水电出版社

www.waterpub.com.cn

·北京·

内 容 提 要

　　《中国水利水电科普视听读丛书》是一套全面涵盖水利水电专业、集视听读于一体的立体化科普图书，共 14 分册。本分册为《中国的世界灌溉工程遗产》，从目前已评选出的世界灌溉工程遗产中选取 12 个案例，系统梳理遗产工程的历史沿革、工程体系、遗产价值等，用科普的视角阐释专业的水利知识，向读者介绍中国不同自然地理条件下多样性的灌溉工程型式、灌溉工程发展历史、丰富多样的灌溉水利文化，科普水利遗产的相关知识，增强大众对我国水利悠久历史、卓越成就和丰富遗产的系统了解，增强文化自豪感和遗产保护意识，有力促进我国水利遗产保护工作的科学开展和水文化的传承发扬。

　　本丛书可供社会大众、水利水电从业人员、高等院校及高职高专师生阅读。

图书在版编目（ＣＩＰ）数据

　　中国的世界灌溉工程遗产 / 李云鹏，周波主编；中国水利水电科学研究院组编. — 北京：中国水利水电出版社，2022.9
　　（中国水利水电科普视听读丛书）
　　ISBN 978-7-5226-0659-0

　　Ⅰ. ①中… Ⅱ. ①李… ②周… ③中… Ⅲ. ①水利工程－文化遗产－中国－通俗读物 Ⅳ. ①K878.4-49

　　中国版本图书馆CIP数据核字(2022)第071566号

审图号：GS（2021）6133 号

丛 书 名	中国水利水电科普视听读丛书
书　　名	中国的世界灌溉工程遗产 ZHONGGUO DE SHIJIE GUANGAI GONGCHENG YICHAN
作　　者	中国水利水电科学研究院 组编 李云鹏　周波 主编
封面设计	杨舒蕙 许红
插画创作	杨舒蕙 许红
排版设计	朱正雯 许红
出版发行	中国水利水电出版社 （北京市海淀区玉渊潭南路 1 号 D 座 100038） 网址：www.waterpub.com.cn E-mail:sales@mwr.gov.cn 电话：（010）68545888（营销中心）
经　　售	北京科水图书销售有限公司 电话：（010）68545874、63202643 全国各地新华书店和相关出版物销售网点
印　　刷	天津画中画印刷有限公司
规　　格	170mm×240mm　16 开本　14.5 印张　160 千字
版　　次	2022 年 9 月第 1 版　2022 年 9 月第 1 次印刷
印　　数	0001—5000 册
定　　价	88.00 元

《中国水利水电科普视听读丛书》

编 委 会

主　　任　匡尚富

副 主 任　彭　静　　李锦秀　　彭文启

专家委员会

主　　任　王　浩

委　　员

（按姓氏笔画排序）

丁昆仑	丁留谦	王　力	王　芳
王建华	左长清	宁堆虎	冯广志
朱星明	刘　毅	阮本清	孙东亚
李贵宝	李叙勇	李益农	杨小庆
张卫东	张国新	陈敏建	周怀东
贾金生	贾绍凤	唐克旺	曹文洪
程晓陶	蔡庆华	谭徐明	

《中国的世界灌溉工程遗产》

编写组

主　编	李云鹏　周　波	
参　编	邓　俊　王　力　高黎辉　刘建刚	
	万金红　王丽娟	

丛 书 策 划　李亮

书 籍 设 计　王勤熙

丛书工作组　李亮　李丽艳　王若明　芦博　李康　王勤熙　傅洁瑶
　　　　　　芦珊　马源廷　王学华

本 册 责 编　芦珊　李亮　李丽艳

党中央对科学普及工作高度重视。习近平总书记指出："科技创新、科学普及是实现创新发展的两翼，要把科学普及放在与科技创新同等重要的位置。"《中华人民共和国国民经济和社会发展第十四个五年规划和2035年远景目标纲要》指出，要"实施知识产权强国战略，弘扬科学精神和工匠精神，广泛开展科学普及活动，形成热爱科学、崇尚创新的社会氛围，提高全民科学素质"，这对于在新的历史起点上推动我国科学普及事业的发展意义重大。

水是生命的源泉，是人类生活、生产活动和生态环境中不可或缺的宝贵资源。水利事业随着社会生产力的发展而不断发展，是人类社会文明进步和经济发展的重要支柱。水利科学普及工作有利于提升全民水科学素质，引导公众爱水、护水、节水，支持水利事业高质量发展。

《水利部、共青团中央、中国科协关于加强水利科普工作的指导意见》明确提出，到2025年，"认定50个水利科普基地""出版20套科普丛书、音像制品""打造10个具有社会影响力的水利科普活动品牌"，强调统筹加强科普作品开发与创作，对水利科普工作提出了具体要求和落实路径。

做好水利科学普及工作是新时期水利科研单位的重要职责，是每一位水利科技工作者的重要使命。按照新时期水利科学普及工作的要求，中国水利水电科学研究院充分发挥学科齐全、资源丰富、人才聚集的优势，紧密围绕国家水安全战略和社会公众科普需求，与中国水利水电出版社联合策划出版《中国水利水电科普视听读丛书》，并在传统科普图书的基础上融入视听元素，推动水科普立体化传播。

丛书共包括14本分册，涉及节约用水、水旱灾害防御、水资源保护、水生态修复、饮用水安全、水利水电工程、水利史与水文化等各个方面。希望通过丛书的出版，科学普及水利水电专业知识，宣传水政策和水制度，加强全社会对水利水电相关知识的理解，提升公众水科学认知水平与素养，为推进水利科学普及工作做出积极贡献。

丛书编委会

2021年12月

在我国悠久的水利发展历史上，留下了大量的水利遗产，相当一部分仍在持续发挥功用。灌溉工程遗产作为水利遗产的重要组成部分，推动了农业文明的发展。据初步调查统计，我国目前仍有 400 多项古代灌溉工程在发挥效益。

2014 年国际灌排委员会开始正式在全球范围内启动遗产的组织申报和评选工作，每年公布一批。截至 2021 年，已公布 8 批，我国有 26 项灌溉工程遗产列入"世界灌溉工程遗产"名录。"世界灌溉工程遗产"名录的设立，引起了社会各界对灌溉历史文化的广泛关注，也大大推动了传统灌溉工程价值及保护的研究。

本书分为十三章，第一章介绍世界灌溉工程遗产概况和保护的意义。第二章至第十三章，分别介绍 2014—2018 年获评"世界灌溉工程遗产"的 12 项遗产工程：东风堰、通济堰、木兰陂、紫鹊界梯田、芍陂、它山堰、诸暨桔槔井灌、郑国渠、太湖溇港圩田、槎滩陂、都江堰和宁夏引黄古灌区，主要对各项工程的历史沿革、工程构成、管理制度、价值体系进行阐释和解读，向广大读者普及我国历史上不同的灌溉工程型式、悠久的灌溉工程发展历史，以及丰富多样的灌溉水利文化。

本书是在世界灌溉工程遗产申报文本的基础上，通过进一步调研深化编写完成的，是集体智慧的结晶。全书由中国水利水电科学研究院组编，谭徐明、丁昆仑、吕娟作为学术顾问，由李云鹏、周波、邓俊、刘建刚、万金红、王力、高黎辉、王丽娟撰写，李云鹏、周波负责全书统稿。具体章节分工如下：第一章由李云鹏编写；第二章由王力、万金红编写；第三章由李云鹏编写；第四章由刘建刚编写；第五章由邓俊编写；第六章由周波编写；第七章由王力、万金红编写；第八章由李云鹏编写；第九章由李云鹏编写；第十章由邓俊编写；第十一章由高黎辉编写；第十二章由刘建刚编写；第十三章由王丽娟编写。

由于时间仓促加之作者水平有限，书中难免存在疏漏之处，敬请读者批评指正。

编者

2022 年 6 月

目 录

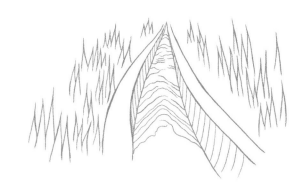

序

前 言

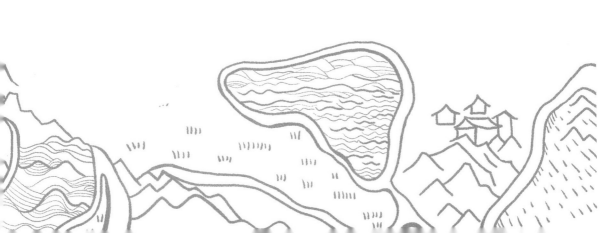

第一章

保护灌溉工程遗产　传承古代灌溉文明

作为农业大国，中国灌溉发展的历史悠久。由于特有的自然气候条件，历史上产生了数量众多、类型多样、区域特色鲜明的灌溉工程，成为我国农业经济发展的基础支撑，许多至今仍在发挥功能。灌溉工程遗产是水利遗产的重要组成部分，历史灌溉水系是许多古城、古村镇的重要环境保障和文化基因。延续至今的灌溉工程遗产是生态水利工程的经典范例。2014 年世界灌溉工程遗产名录的设立，使我国古代灌溉工程及其科学与文化价值受到越来越多的关注和研究。本书选取了我国申报成功的 12 个世界灌溉工程遗产予以介绍，使读者朋友能对我国悠久的灌溉历史、深厚的灌溉文化和独特的科学价值有所了解。

◎ 第一节　世界灌溉工程遗产的由来

农业在人类文明发展史上具有重要地位，在世界大部分地区，灌溉工程对农业的发展至关重要。世界灌溉工程遗产的设立大大推动了对人类灌溉文明的挖掘与传承。

世界灌溉工程遗产（World Heritage Irrigation Structures，WHIS）是国际灌排委员会（The International Commission on Irrigation and Drainage，ICID）在全球范围内设立的世界遗产项目，目的是为梳理和认知世界灌溉文明的历史演变脉络，在世界范围内挖掘、采集和收录传统灌溉工程的基本信息，了解其主要成就和支撑工程长期运用的关键特性，总结学习可持续灌溉的哲学智慧，保护传承利用好灌溉工程遗产。2012 年在澳大利亚阿德莱德召开的国际灌排委员会执行理事会上，由时任国际灌排委员会主席、中国水利水电科学研究院总工程师高占义发起，国际灌排委员会执行理事会批准并启动了设立"世界灌溉工程遗产"的相关工作；2013 年在土耳其马丁召开的国际灌排委员会执行理事会讨论通过了灌溉工程遗产申报评选的标准、程序、管理办法，形成初步管理和技术框架；2014 年开始正式在全球范围内启动灌溉工程遗产的组织申报和评选工作，每年公布 1 批。截至 2021 年已公布 8 批，共计来自亚洲、欧洲、非洲、北美洲和大洋洲五大洲 18 个国家的 121 项工程列入"世界灌溉工程遗产"名录，在全球范围已经有了比较广泛的代表性。

知识拓展

国际灌排委员会

国际灌排委员会（ICID）是一个集科学、技术、专业于一身的非政府间、非营利性国际组织，会员均为自愿加入。ICID 成立于 1950 年；总部设在印度新德里。ICID 通过合理管理水、环境以及推广应用灌溉、排水和防洪技术来改善水土管理，提高灌溉效率和土地的生产率，从而改善全世界人民的衣食供给。国际灌排委员会的一切活动均在 ICID

章程及其附则的框架下开展。该章程的最新版本于1996年通过并实施。ICID的官方语言为英语和法语。国际灌排委员会的宗旨是鼓励和促进工程、农业、经济、生态和社会科学各领域的科学技术在水土资源管理中的开发和应用，推动灌溉、排水、防洪和河道治理事业的发展和研究，并采用最新的技术和更加统一的方法为农业的可持续发展做出贡献。

世界灌溉工程遗产的申报项目，须由ICID会员国家（或地区）委员会推荐，每个国家（或地区）每年申报不得超过4项，并由国际专家组评审，最终在国际灌排委员会于当年召开的国际执行理事会上通过并正式公布。

申报世界灌溉工程遗产的工程历史须在100年以上；工程型式可以是引水堰坝、蓄水灌溉工程、灌渠工程，或水车、桔槔等原始提水灌溉设施、农业排水工程，以及古今任何关于农业用水活动的遗址或设施等。除此之外，工程还必须在以下一个或几个方面具有突出价值：

（1）是灌溉农业发展的里程碑或转折点，为农业发展、粮食增产、农民增收做出了贡献。

（2）在工程设计、建设技术、工程规模、引水量、灌溉面积等方面（一方面或多方面）领先于其时代。

（3）增加粮食生产、改善农民生计、促进农村繁荣、减少贫困。

（4）在其建筑年代是一种创新。

（5）为当代工程理论和手段的发展做出了贡献。

（6）在工程设计和建设中是注重环境保护的典范。

小贴士

世界灌溉工程遗产分类

世界灌溉工程遗产分为两类：至今仍在发挥灌溉功能的遗产（List A）；已不能发挥历史功能但仍具有"档案"价值的遗产（List B）。

（7）在其建筑年代属于工程奇迹。

（8）独特且具有建设性意义。

（9）具有文化传统或文明的烙印。

（10）是灌溉工程可持续运行管理的典型范例。

知识拓展

什么是灌溉工程遗产？

灌溉

通过工程设施为农业供水，以补充天然降水的不足。广义的灌溉还包括农田排水，指通过工程设施调节农业水资源条件，以满足农作物生长需要。

灌溉工程

通过改良区域水土环境、调节农田水资源条件，为农业开发和发展提供水资源基础支撑的各种型式的水利工程或体系，除典型的引水灌溉工程之外，还包括不同形式的农业排水、圩（围）田、梯田等灌溉排水工程体系。

灌溉工程遗产

具有历史价值的各类传统灌溉工程设施。与其他遗产类型相比，灌溉工程遗产更突出其工程性、专业技术特征，其保护利用更强调灌溉功能的可持续发挥。

◎ 第二节 中国的世界灌溉工程遗产有哪些

我国是灌溉大国，也是灌溉古国。由于受季风气候控制，我国大部分地区都需要灌溉工程来调节水资源的时空配置，支撑农业发展。据调查统计，已有超过400多项古代灌溉工程或系统仍在发挥效益。截至2021年，我国世界灌溉工程遗产项目共26处，是拥有遗产工程类型最丰富、灌溉效益最突出、分布范围最广泛的国家。这些工程遗产反映了我国传统灌溉工程的特点和价值。具体名录见下表。

年份	遗产名称（所在地）
2014	东风堰（四川夹江），通济堰（浙江丽水），木兰陂（福建莆田），紫鹊界梯田（湖南新化）
2015	芍陂（安徽寿县），它山堰（浙江宁波），诸暨桔槔井灌（浙江诸暨）
2016	郑国渠（陕西），太湖溇港圩田（浙江湖州），槎滩陂（江西泰和）
2017	宁夏引黄古灌区（宁夏），汉中三堰（陕西汉中），黄鞠灌溉工程（福建宁德）
2018	都江堰（四川），灵渠（广西兴安），姜席堰（浙江龙游），长渠（湖北襄阳）
2019	千金陂（江西抚州），内蒙古河套灌区（内蒙古巴彦淖尔）
2020	桑园围（广东佛山），天宝陂（福建福清），龙首渠（陕西渭南），白沙溪三十六堰（浙江金华）
2021	里运河—高邮灌区(江苏高邮)，潦河灌区(江西)，萨迦古代蓄水灌溉系统(西藏日喀则)

▲ 2014—2021年我国世界灌溉工程遗产名录

　　我国积极支持参与世界灌溉工程遗产的申报与保护工作。ICID历史工作组成员、中国水利水电科学研究院副总工程师谭徐明连续5年作为世界灌溉工程遗产国际评审专家委员会委员，中国提交的第一批世界灌溉工程遗产申报文本被ICID作为范本推广。在相关技术团队扎实的基础研究工作和遗产分析阐释支持下，自2014年开始我国连续申报的8批26个项目成功入选，其分布情况见下图。

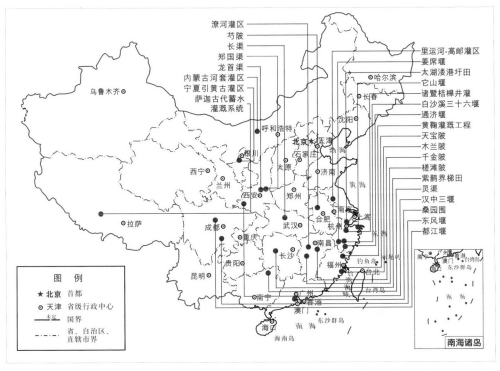

▲ 我国"世界灌溉工程遗产"分布示意图（截至2021年）

　　我国已有的世界灌溉工程遗产项目分布广泛，工程类型多样，涵盖了有坝引水、无坝引水、蓄水灌溉、井灌、圩田、梯田及古老提水机械设施等。

　　灌溉的发展贯穿并支撑了中华文明的延续，灌溉工程遗产则见证了这一历史进程。如都江堰、郑国渠、灵渠被誉为"秦代三大水利工程"，它们成为支撑秦王朝建立大一统帝国的战略支柱。而在此之前，芍陂的建设就为楚王朝的经济发展和最终迁都寿春（今安徽寿县）奠定了基础。不同时期始建的灌溉工程在中国地域空间上展示出农业经济区逐步拓展的历史过程，见证了中华民族为了发展繁衍从平原向高山丘陵、向湖滨滩涂、向边陲荒漠、向沿海斥卤之地开发的艰辛历程，从另一视角实证了中华民族的发展历程。传统灌溉工程普遍表现出因地制宜、低影响开发、生态环境效应良好等技术特点，其中蕴含的工程体系规划、工程结构设计、传统材料构件和建造工艺、管理制度等方面的优秀经验，对现代水利发展仍有借鉴价值。历史时期灌溉工程的建造运行不可避免地受到中国传统哲学文化的影响，同时又对工程所在区域的文化发展产生影响，灌溉工程遗产也因此留下了农业文明时期中国传统治水哲学和区域文化的鲜明烙印，这些遗产丰富的灌溉文化内涵值得深入挖掘。

◎ 第三节 保护灌溉工程遗产：突出的文化价值和社会效益

水利是中华民族发展的基础，水利文化也成为中华文化体系的基础性构成。2000多年来，灌溉工程一直是我国农业文明发展的基础支撑，也是中华民族生存之本。2017年，中共中央办公厅、国务院办公厅联合印发了《关于实施中华优秀传统文化传承发展工程的意见》（中办发〔2017〕5号），标志着我国优秀传统文化及遗产保护传承工作进入新的历史阶段。灌溉工程遗产是中国历史文化遗产体系的重要组成部分，灌溉文化对中华文化的发展繁荣产生了重要影响。都江堰等作为中华文明的代表性水利工程，其所承载的治水哲学成为中华文化尊重自然、顺应自然传统哲学观的象征。因此，灌溉工程遗产保护对深入挖掘和传承中华民族优秀传统文化，增强公众文化自信和国家文化软实力，具有重要的现实意义。近年，我国的世界灌溉工程遗产在国内外影响力逐步扩大，已成为水利文化面向社会传播、中国水利文化"走出去"的主要载体。

灌溉工程遗产的构成包括灌溉工程体系及相关遗产、灌区生态环境，因此与灌区乡村农业经济发展关系密切。2018年中央一号文件《中共中央国务院关于实施乡村振兴战略的意见》及《乡村振兴战略规划（2018—2022年）》均明确提出，要"划定乡村建设的历史文化保护线，保护好文物古迹、传统村落、民族村寨、传统建筑、农业遗迹、灌溉工程遗产"，将传承发展提升农村优秀传统文化作为实施乡村振兴战略的重要内容。系统保护好灌溉工程遗产、协调推动乡村各类遗产资源合理利用也被农业农村部门作为推进新时代爱国主义教育的重要任务之一。深入挖掘灌溉工程遗产历史文化，以渠系为脉，整合灌区内各类文旅资源，推动全域旅游、休闲农业、观光农业发展，发展灌区高品质特色农产品，打造世界灌溉工程遗产文化品牌，将成为推动遗产灌区乡村振兴的有效途径。

灌溉工程遗产持续运行千百年，充分体现了其良好的生态环境效应，是经过历史检验的优秀生态水利工程，如宁夏引黄古灌区、太湖溇港圩田、木兰陂等，生态效益甚至比灌溉效益更显著。2018 年 5 月，习近平总书记在全国生态环境保护大会上发表重要讲话，将都江堰作为体现人与自然和谐共生、因势利导建设的大型生态水利工程的典型代表。正是都江堰的修建，从根本上改变了成都平原的防洪形势，重塑了成都平原的水系格局，奠定了"天府之国"的生态基础。因此，深入挖掘和总结以灌溉工程遗产为代表的生态水利工程建设理念、治水哲学、工程技术特征和运行管理等优秀经验，对当前生态文明建设和经济社会可持续发展具有重要意义。

大部分灌溉工程遗产至今仍发挥着不可替代的水利效益。以目前我国 26 处世界灌溉工程遗产的灌溉效益为例，现状灌溉面积合计约 233 万公顷，按照现行的灌区分级标准相当于 100 多个大型灌区。保护维护好这些遗产灌区，比新增相同规模灌溉面积的建设管理成本要小得多，在一定程度上也关系到国家的粮食安全。除此之外，这些遗产对灌区生态环境的维系功能不可或缺，由于遗产所在地优越的生态景观资质和独具特色的深厚历史文化，以及世界遗产的品牌效应，其旅游、特色农业以及带动乡村经济的价值将逐渐显现，社会文化服务功能也将越来越凸显。

灌溉工程对人类农业文明发展至关重要，灌溉工程遗产的保护不仅是水利历史文化的保护，更具有现实效益。深入挖掘灌溉历史文化，保护、利用、传承好灌溉工程遗产，对我国这一农业文明古国具有非同一般的历史和现实意义。

序号	遗产名称	地理位置	灌溉面积／公顷
1	东风堰	四川省乐山市夹江县	5153
2	木兰陂	福建省莆田市	10867
3	通济堰	浙江省丽水市莲都区	2000
4	紫鹊界梯田	湖南省娄底市新化县	6416
5	芍陂	安徽省淮南市寿县	44900
6	它山堰	浙江省宁波市鄞州区	13829
7	诸暨桔槔井灌	浙江省绍兴市诸暨县	27
8	槎滩陂	江西省吉安市泰和县	3300
9	太湖溇港圩田	浙江省湖州市	28000
10	郑国渠	陕西省	97000
11	宁夏引黄古灌区	宁夏回族自治区	552000
12	汉中三堰	陕西省汉中市	14500
13	黄鞠灌溉工程	福建省宁德市蕉城区	1333
14	都江堰	四川省	710000
15	灵渠	广西壮族自治区桂林市兴安县	4333
16	姜席堰	浙江省衢州市龙游县	2333
17	长渠	湖北省襄阳市	20000
18	千金陂	江西省抚州市	1476
19	内蒙古河套灌区	内蒙古自治区巴彦淖尔市	673333
20	桑园围	广东省佛山市	4127
21	天宝陂	福建省福清市	1267
22	龙首渠	陕西省渭南市	49533
23	白沙溪三十六堰	浙江省金华市	18533
24	萨迦古代蓄水灌溉系统	西藏自治区日格则市	6667
25	里运河—高邮灌区	江苏省高邮市	33333
26	潦河灌区	江西省	22400
合计			2326660

▲ 中国的世界灌溉工程遗产现状灌溉面积统计

知识拓展

灌溉工程有哪些类型？

有坝引水：在河流上建造堰坝，横截河流、壅高水位引水。

无坝引水：直接在河流一侧堤岸上开引水口引水，引水高程即河流的自然水位。

拱形堰坝：以平面坝轴线为拱形的堰坝，古代的拱形堰坝，有拱向上游方向的，也有拱向下游方向的。

陂：古代常见的一种水利工程名，一般指蓄水工程或拦河工程。

桔槔：古代利用杠杆原理提水的设施。

拒咸蓄淡：沿海地区在感潮河段修建的拦河工程，具有下游阻挡咸潮上溯、上游蓄积淡水灌溉的作用，型式或为闸，或为坝，或为闸坝结合。

溇港：南太湖地区特有的一种水利工程体系，由直通太湖的众多河渠（称溇或港）、横向沟通溇和港的横塘组成的水网工程，具有分泄洪涝、排水疏干、引水灌溉的功能，溇港通湖口门一般有闸控制。

圩田：又称"围田"或"圩垸"，是中国古代发明的一种开发低洼地农业的水利工程型式，一般由包围圩区的圩堤、围内河渠水系及控制圩内与圩外水量交换的闸涵组成。

第二章

穿越千佛岩：东风堰

▲ 古代夹江县境舆图
（引自清代《夹江县志》）

四川乐山东风堰（简称"东风堰"）位于四川省夹江县境内，长江三级支流青衣江左岸。工程建于清康熙元年（1662 年），延续使用 360 余年。东风堰从青衣江采用无坝引水的方式灌溉夹江县七八千亩[1]的农田，是川蜀地区沿江无坝引水自流灌溉工程的典型代表作品。如今，东风堰是一处兼有灌溉、排涝、城市防洪、城市环境用水的综合性水利工程，灌溉面积也比过去增长了约 10 倍，达到了 7 万多亩。工程沿线千佛岩等大量历史文化景观，见证了东风堰在区域历史文化中的重要地位。2014 年，东风堰成为中国第一批世界灌溉工程遗产。

◎ 第一节 毗卢寺旁导江水，"泽润生民"

自古以来，青衣江沿线灌溉农业发达。在东风堰建成之前，沿线已有众多小型民堰引江水，如八小堰、市街堰，用以灌溉农田。市街堰、八小堰两堰同沟取水于青衣江汊流，至谢潭分水，由此，市街堰由城南而过，八小堰由城北而过，两堰合抱夹江县城。八小堰、市街堰两堰的支堰又开支沟引水

---

❶ 1 亩 ≈ 666.67 米²。

灌田，整个灌区大致七八千亩。

康熙元年（1662年），因青衣江汊流水枯，谢潭分水口进水量不足，八小、市街二堰灌区农田缺水，当时县令王世魁委派江宾玉、江逢源等承头督工，用竹笼装卵石，在青衣江汊流进水口修筑导水堤堰一座，长300余米，伸入青衣江中拥水入汊流。因工程位置在毗卢寺（今夹江县机砖厂附近）外，故名毗卢堰。事后表彰功绩，王世魁为江宾玉题刊"山高水长"，为江逢源题刊"泽润生民"各四个大字于千佛岩石壁上。

▲ 水利题刻"山高水长"与
　"泽润生民"
（康熙元年夹江县令王世魁
为表彰毗卢堰修建者所撰）

此后，毗卢堰成为八小、市街、龙兴、永通等堰的总导水工程。建成之初，各堰水量充足，灌区连年漫栽满插。过后岁月流逝，青衣江河床发生变化，进水量逐渐减少。清乾隆初年，干旱无常，灌溉缺水，龙兴、永通两堰相继迁姜滩另筑堰头引水，市街、八小两堰却因分水问题，连年不断打官司。清光绪二十六年（1900年），两堰争水告状到嘉定府，知府雷钟德会同夹江县令申辖，亲自到现场查勘后作出决定：在沟的中心用块石砌一长条形堤埂（今新桥起，至夹江中学以上止。堤埂于1954年撤除），将沟分剖为二，以平分水量，从此停止了争水纠纷。自此，八小堰即更名为龙头堰，市街堰更名为永丰堰。

龙头、永丰堰剖沟分水后，仅解决了分水不均的问题，而未解决水量不足的问题。尽管毗卢堰照常维修，但因青衣江滩头下落，河床水位下降，所起作用不大，所以从光绪二十六年（1900年）至民国十九年（1930年）的30年里，水量问题得不到解决，每年要等到青衣江发春水后，才有水泡田栽插。

民国十九年（1930年）6月，胡疆容任夹江县县长，顺从民愿，成立堰工事务所并自兼所长，县商会会长朱光藻（正章）任副所长，测绘地图，造出预算，按田亩摊款。当年冬季动工，经过半年左右时间，投资4万余元（银元），完成了龙头堰的第一次扩建工程。规模为：将进水口由龙脑沱改到上游石骨坡，新开渠道3000多米，并在千佛岩山脚凿一个400米长的隧道，千佛街外围河筑堤650余米。经过扩建，堰头水位提高约7米，进水量增加。受益亩均负担5元，但由于修筑质量低劣，放水后沿渠垮漏严重。此外，工程一开始就放弃对老堰的修掏，致使出现新堰未成、老堰进不了水的局面。以后连续三四年对新渠进行加固维修，使龙头堰成为一条水量充沛、灌溉及时的大堰。

▲ 千佛岩下输水干渠隧道段
（此段隧道为避让千佛岩石刻，在石刻下方开凿隧道，为此又得名"穿山堰"）

之后，永丰堰接龙头堰的漏水，后向其买水，实际成为龙头堰的一条支堰。为了褒奖胡疆容的德政，乡民在正对龙脑石的岩上，刻了"胡公堰"三个大字。

▲ 千佛岩岩壁题刻"胡公堰"

1963年春灌时，发生东干渠有水，西干渠水不足，反之亦然的异常现象。当时认为是青衣江水枯所致，采取轮灌后使矛盾得以暂时解决。1964年情况依旧，于是夹江县水电局会同龙头堰派员进行测量，发现堰头水位较正常年景下降30～40厘米；再查千佛岩水文站资料，青衣江水量与往年同期大致相等，于是得出结论，堰水减少是青衣江河床变化所致。夹江县水电局立即向乐山专区水电局书面报告，并提出了改建堰的初步打算，后因"文化大革命"，改建堰的事被搁置下来。1967年，龙头堰更名为东风堰。

1969年汛后，青衣江河床变化更大，东风堰进水严重不足，每年要在堰头打枵杈和竹笼，截水入堰，保灌区栽插。1971年上半年，夹江县农水局、东风堰再次组织勘测并进行扩建堰的设计，方案未获地区水电局批准。

1973年，眼见东风堰有枯竭的危险，夹江县农水局请乐山地区水电局工程技术人员到现场看了河床变化及进水困难情况，并上报乐山地区水电局列入基建计划。同年7月组织力量勘测设计，10月正式动工，各受益区、社抽调劳力，组织专业队常年施工，划段包干，限期完成。因此，扩建工程进度快，于1975年3月竣工。这次扩建，进水口由石骨坡移到迎江群星村五里渡，往上游延伸5.57千米，

小贴士

渠首位置调整

东风堰建成以来，渠首位置不断向上游方向移动。原因是东风堰利用地势高差，引青衣江水自流入渠道，由于渠首附近河岸下蚀，江水水位不断降低，而输水渠道由于泥沙淤积，河床不断抬高，使江水难以自流入渠。在上游河段海拔高的位置设置新的渠首，即取水口，便于江水能自流入渠。

其中劈山开渠1千米、围河筑堤500米，新开深3~6米、底宽8米的渠道4千米，引进流量达14米³/秒。

东风堰历经了1930年和1975年两次大规模的扩建，堰首取水口的位置从龙吼滩，上移近9千米到达迎江群星村五里渡。上述工程的完工，保证了入堰水量，确保了东风堰灌区的持续运行，为灌区的发展奠定了坚实的基础。

20世纪80年代后，我国更加重视水利事业的发展，在水利工程建设方面加大了投资力度，东风堰也在政策春风的沐浴下得到了更好的发展。2005年，东风堰灌区农业综合开发节水配套改造项目动工，2008年完工，共完成渠道疏浚54.5千米，整治渠道44.64千米，新建渠道0.6千米，新建整治渠系建筑物55处，新建管理房1000米²。这个大型项目实施后，东风堰水利工程的节水、增产、增收和抗旱功能更为显著。

▲ 东风堰总干渠龚滩节制闸改造前
（摄于2005年9月1日）

▲ 东风堰总干渠龚滩节制闸改造后
（摄于2014年5月12日）

2009年，东风堰灌区末级渠系改造项目开始实施，由于东风堰灌区支渠以下的末级渠道工程多为土渠，渗漏损失大，配套率低，维护成本高。末级渠系改造项目的实施不仅增加了灌溉面积，灌溉用水利用率也有了更大的提高，东风堰灌区的整个水利工程配套建设得到了更好的发展。

◎ 第二节 堰顶分水，干支渠系结合

东风堰是一处兼有灌溉、排涝、城市防洪、城市环境用水的综合性水利工程。主要由渠首枢纽、渠系工程及建筑物组成。渠首枢纽是从大千佛电站库区取水，水源稳定，引水流量为50米³/秒；渠系工程包括总干渠、东西干渠、分干渠，还有支渠、斗渠、农渠、毛渠等；建筑物包括水闸、渡槽等。

▲ 东风堰总干渠龚滩溢流堰

东风堰总干渠长12千米，东、西干渠分别长4.8千米、13千米。分干渠4条，分别是：顺山分干渠长10.95千米，灌溉漹城、黄土、甘霖、甘江；云甘分干渠长3.365千米，灌溉漹城、甘霖；河东分干渠长5.5千米，灌溉漹城、甘江；河西分干渠长4.4千米，灌溉甘江。

此外，东风堰工程还有隧洞1处，即千佛岩隧洞，渡槽11处，水闸21处。工程灌溉夹江县境漹城、黄土、

```
                                    ┌─ 斗邓沟
                                    ├─ 斗么沟
                         顺山分干渠 ─┼─ 斗顺沟
                                    ├─ 斗陶沟
                                    ├─ 斗宝沟
                东干渠 ─┐            └─ 斗季漕
                       │
                       │            ┌─ 斗反修沟
                       │            ├─ 斗水碾沟
                       │            ├─ 斗杨公埝
                       └─ 云甘分干渠 ┼─ 斗增村
                                    ├─ 斗大石
总干渠 ─┤                            ├─ 斗普沱埝
                                    └─ 斗三面光

                                    ┌─ 斗尹河
                                    ├─ 斗康沟
                         河东分干渠 ─┼─ 斗发沟
                                    ├─ 斗毛沟
                西干渠 ─┐            ├─ 斗土桥沟
                       │            └─ 斗懒沟
                       │
                       │            ┌─ 斗河西
                       └─ 河西分干渠 ┼─ 斗中心
                                    ├─ 斗双关
                                    └─ 斗大同
```

▲ 灌区渠系组成

甘霖和甘江4个乡镇、48个村7.67万亩农田，为灌区经济发展，灌区群众增产增收做出了很大的贡献。

▲ 东风堰灌区农田景观

◎ 第三节 无坝引水的典范

小贴士

千佛岩

青衣江左岸石壁上，有200多窟2740余尊石刻造像和历代石刻、秦汉古栈道等。民国时期，修建东风堰干渠时，经过千佛岩石窟造像群，为避免损伤石窟，开凿山洞，让堰水沿岩脚穿山而过。这些历史文化遗产历经千年风雨依然保存着原有的风貌，以古朴坚实的物质实体，记述着真实的建堰历史，与古堰相得益彰，是东风堰遗产的重要组成部分。

东风堰灌溉面积由17世纪中叶的7000多亩发展到现如今的7万多亩，灌溉面积增加10余倍；渠首引水口不断完善，水量日益充足，减少了长期遗留的水事纠纷，灌区内农作物复种指数达到2.68，农作物种植面积为20.05万亩。

如同四川其他古堰一样，无坝引水是东风堰科技价值的核心体现。

首先，渠首选址科学合理。青衣江进入夹江县境内后，地形比较开阔，甚至有漫散的趋势，河道宽度甚至超过了800米，但是到了千佛岩下后，江面迅速收缩，最窄处仅有300米。此时，江水受到约束，水位抬高，流量加大。清康熙元年（1662年）修建毗卢堰时，将堰首取水口放在千佛岩下的龙吼滩附近，能够实现较好地利用青衣江水目的。正是因为如此，这个取水口自1662年一直沿用到1930年，近270年，维系了漹城以下六七千亩农田的灌溉。

其次，渠系工程规划科学。由于夹江平原地形坡降较陡，灌区渠道既是输水渠也是泄水渠，加之丰沛的水资源，灌区工程相对比较简单而且管理粗放。历史上东风堰各级河道的自然水量分配与工程调整相结合，即以分水或引水和节制工程为主，从渠首到灌区最低级渠道都是采用鱼嘴或导流堤的形式自然分水（鱼嘴）或引水（拦河低堰）。东风堰利用高差设计实现灌区自流灌溉，虽采用了最少的工程设施和运行成本，却取得了最大的灌溉效益。

▲ 东风堰干渠千佛岩隧洞进口

东风堰还拥有很高的历史文化价值。东风堰干渠建设时，经过千佛岩石窟造像群。民国时期，当时的夹江县长胡疆容带领工人开凿千佛岩隧洞，为避免损伤石窟，隧洞从路面下穿过。

▲ 千佛岩石刻造像

东风堰千佛岩隧洞，摩崖造像4000多尊，现存2740多尊。崖壁千仞，题刻有古今名人诗句，琳琅满目。秦汉古栈道遗址石级直接开凿在岩基上，从关口到城下共108步，历经千年风雨依然保存着原有的风貌。

这些文化遗产以古朴坚实的物质实体，记述着真实的建堰历史与传奇故事，承载着丰富的历史文

▲ 千佛岩与水利有关题刻

化内涵与人文精神，衍生出大量的优美诗词与特色碑刻，从而使其蕴含着深厚的文化积淀，拥有很高的历史文化价值。

◎ 第四节 独特的灌溉管理方式

▲ 农民用水户协会组织进行农渠清淤及堤防加固

东风堰灌区通过东风堰灌区管理处与有关镇用水户协会进行双重组织管理。东风堰灌区四个镇，漹城镇、甘江镇、甘霖镇、黄土镇分别成立了用水户协会，部分村成立了用水户协会分会（用水组），协会有章程、工程管理制度、灌溉管理制度、财务管理制度、奖惩办法。东风堰灌区管理处负责干支渠维护管理，并指导镇用水户协会负责斗渠、农渠、毛渠维护管理。

乡镇农民用水户协会负责片区工程的运行、调度、管理、维护，并逐年向村社用水户收取适当的工程维护费用，进行水利灌溉经营服务，以及解决用水组织间的水事纠纷等。

为保证每年春灌和防汛工作，根据夹江县人民政府 2010 年 3 月出台的《关于加强水利工程灌区管理工作的意见》（夹水务〔2010〕16 号）规定渠道分级管理原则，东风堰管理处负责对干渠、支渠进行维修养护，并且财政每年补助120余万元专款进行工程维护管理。

城镇用水户协会负责管理、使用辖区内支渠、斗渠、农渠、毛渠及附属建筑物等。工程管理实行分级管理，支渠及渠系建筑物由城镇用水协会统一管理，斗渠、农渠及以下渠道，及其小型建筑物由村社用水组负责管理。

在灌溉期间，用水户代表、执行委员会成员巡堤护水，用水组组织劳动力对其进行检查维护，保证渠道安全。放水结束后，用水户要对辖区内的渠道和工程进行检查。发现破损、坍塌后，及时组织用水户修复。重大安全隐患由城镇用水户协会负责协调解决。

支渠及附属工程修复、设备更新时，城镇用水户协会负责制订方案，并经城镇用水户协会全体会员表决通过后，按照项目金额向用水组受益人群分摊；斗渠、农渠及以下工程修复、设备更新时，用水组制订方案，经用水组成员表决通过后，所用经费由受益人分摊。新建工程由城镇用水户协会执行委员会组织规划设计，会员表决通过后，由镇政府组织实施，资金和劳务由新建工程的受益方分摊。

在春灌期间，在灌区分4个片区成立用水协调小组，加强调度，提高用水效率，增强服务意识和服务水平，深入灌区积极协调用水，及时解决春灌中出现的问题，杜绝各自为阵的现象发生。各灌溉管理所采取分段落实专人、分村包片形式，密切联系村社，及时反馈用水插秧情况，便于管理处统一调水，使春灌用水工作秩序井然。充分发挥支渠以下用水户协会的作用，由协会负责水量分配、管理、协调、调度等事宜。

针对灌区种植物用水需求时间不同且差异较大的情况，为了最大限度消除由于农产品结构不同而导致的供水需求在时间和空间上的差距，在灌区提供公平合理、配置有效的供水服务，根据不同用水阶段用水需求的不同，灵活调配水量，以满足灌区不同时期的用水要求，制订出科学的调配水计划（从3月8日开始，黄土镇和甘霖镇一部分制种田开始用水，4月起灌区4个镇秧田开始用水，5月1日起大面积用水，6月中旬甘江蔬菜地区用水），及时调配，采取分期分段灌溉、轮流灌溉，实施错峰用水、划段管理渠道等方式。如从5月1日起顺山分干渠上游为晚上用水，下游为白天用水，以黄土镇红光村原碾子处为界；下游单号为甘霖用水，下游双号为甘江用水（以农历时间为准），以确保灌区用水需求。结合春灌工作，东风堰灌区管理处通过对各种水法律法规进行广泛宣传，让用水户明确权益和义务。同时，通过宣传渠道管理的分级管理原则，提高用水户自觉爱渠护渠的意识，在灌区形成自觉保护水利工程、节约用水的良好氛围。

第三章

碧湖平原的明珠：通济堰

浙江丽水通济堰（简称"通济堰"）位于浙江省丽水市莲都区，瓯江支流松荫溪上，始建于南朝梁天监四年（505年），是具有1500多年历史的有坝引水灌溉工程。通济堰是世界上最早的拱形拦河坝，干渠上建于北宋政和元年（1111年）的三洞桥是目前已知我国现存最早的水系立交工程。在"九山半水半分田"的浙西南，60千米^{2}的碧湖平原依靠通济堰水利，成为重要的产粮区。2014年被列入首批世界灌溉工程遗产名录。

◎ 第一节 何以通济

通济堰始建于南朝梁天监四年（505年），最初为"木篠土砾坝"，屡毁屡修。南宋开禧元年（1205年）重建时改为砌石坝，并建排沙闸、通船闸，渠首成为具有拦蓄、溢流、引水、排沙、通航等完备功能的枢纽。此后历代均有大修，但坝址、结构、材料等均保留。1954年大修时，将堰顶抬高0.45米，船缺自中部北移至排沙闸旁。历史上进水闸在进水

▲ 通济堰渠道

口内 15 米处，此次大修上移至渠口。

通济堰灌溉渠系在唐代以前就已初具规模，此后逐渐发展，形成"三源四十八派"，干渠、支渠、毛渠体系完善的竹枝状水系。北宋元祐七年（1092年）修建的排沙闸与北宋政和元年（1111年）在此建造的"石函引水桥"等工程设施进一步保障了通济堰灌渠的安全。北宋元祐八年（1093年），处州太守关景晖、县尉姚希订有堰规，这是文献记载最早的规章，可惜内容已经佚失。现存的最早、最完整的堰规，是南宋著名文人、时任处州太守范成大于乾道五年（1169年）订立，一共 20 条，现存 19 条，总体上对各级管理人员设置、用水分配、工役派遣、堰渠维修、经费来源及开支等都作了详细规定，并明确规定了对失职、违规人员的处罚措施。

元、明、清的通济堰，在宋代基础上有所发展，元代 2 次大修，明代 9 次大修，清代 18 次大修，堰规也多次增订、新订条目，但基本在"复旧制"原则下开展，主要工作是疏浚渠道，三源灌溉的范围不断调整，进一步的开挖添设湖塘、完善概闸等设施。近代以来，通济堰工程历经几次修缮完善，但工程体系、结构和材料仍保留传统型式，持续发挥其水利功能。

◎ 第二节 堰渠体系

一、通济堰灌溉工程体系

通济堰灌溉工程体系由渠首枢纽、渠系工程、调蓄工程及防洪工程组成。

▲ 堰首拦水大坝

▲ 通济堰进水口控制闸

1. 渠首枢纽

通济堰渠首枢纽由拦河堰、进水闸、冲砂闸、通船闸等组成，是具有蓄水、引水、溢洪、排砂、通航等功能的综合性水利枢纽。

拦河堰位于松荫溪出山口，此处引水可以实现最大面积的自流灌溉。堰首拦水大坝全长275米，坝底宽25米，顶宽2.5米，南端与南岸山岩相驳接，整座大坝呈凸向上游约120度、不规则的弧度曲线，其中变化最明显的折角有两处。大坝截面呈不等边的梯形，前底面向下游倾斜成坦底。合理的堰址和高程既保证了灌渠引水量，也使汛期洪水能够安全下泄。

进水闸在堰左岸，历史上称"陡门"或"大陡门"，在宋代以前即已建有，范成大《通济堰规》中多次提到这个进水陡门[1]。现为3孔，引水流量大约3米³/秒。历史上的斗门位置是在现在闸门的下游15米处干渠上，是一座由木叠梁门概闸和提概枋的桥连体的"桥闸"，历史上称为巩固桥。闸原为2孔，每孔净宽

---

[1] ［南宋］范成大.通济堰规.见（光绪）通济堰志.卷一.宣统元年刻本，1909：21。

3 米。1954 年大修时，移至堰头进水口处，改建为
3 孔，每孔净宽 2 米，仍为木叠梁门，1991 年改为
半机械启闭的 2 孔水泥钢筋平板闸门。其旁为两孔
冲砂闸，史称"小陡门"，每孔净宽 2 米，高 2.5 米。

历史上松荫溪航运繁忙，堰中部特别设有通船
的闸门，旱时仅黎明开闸过船，其余时间严禁私自开
闸，保证蓄水灌溉，现在通航功能已经蜕化。历史上
松荫溪、瓯江航运发达。处州龙泉瓷器至宋代已十分
发达，大量瓷器通过松荫溪、瓯江外运，据考证，为
了运输方便，到元代许多窑址向松荫溪和瓯江沿岸转
移，达到总数的 2/3。❶ 通济堰大坝上的通船闸早在
开禧年间改建石坝以前就已设置，称为"船缺"。
范成大《通济堰规》中专设有船缺通航的管理规定：
"（船缺即）出行船处，即石堤稍低处是也。在堰
大渠口通船往来，轮差堰匠两名看管，如遇轻船，
即监稍工那过；若船重大，虽载官物，亦令出卸空
船拔过，不得擅自倒拆堰堤。若当灌溉之时，虽是
官员船井轻船，并令自沙洲牵过，不得开堰洩漏水
利。如违，将犯人申解使府重作施行，仍仰堰首以
时检举，申使府出榜约束。"❷ 在"堰匠"条也明
确规定："遇兴工，日支食钱一百二十文足，所有
船缺遇船筏往来，不得取受情幸、容纵私折。"❸
为方便船只通行，改建石坝时保留了此规定，改建
石堰时在拦河堰中部设通船缺口，至明代设闸控制，

---

❶ 朱伯谦，王士伦．浙江省龙泉青瓷窑址调查发掘的主要收获．文物，1963（1）：27-35。
❷❸ ［南宋］范成大．通济堰规．见（光绪）通济堰志．卷一．宣统元年刻本，1909：22。

并制定严格的管理制度，以协调通航与蓄水灌溉的矛盾。早期的通济堰大坝（木筱坝时期）没有设置专门的过船设施，船筏只能从坝体的稍低处用人力牵过。南宋开禧元年（1205年）改砌石坝时，特意留有船缺，位于坝体中部的偏北位置。船缺最初启闭闸门，不利于拦水灌溉。到明代万历年间才修建闸门。遇天旱灌溉期，则紧闭闸门，每日定为黎明时开闸过舟船，平时无论官船、商船均不得私自开闸放行，防止泄漏水量。1954年大修时，将过船闸移至大坝近北侧，即现在两孔排砂门南侧。

▲ 通济堰大坝及船缺

▲ 二洞桥（摄于2004年）

2.总干渠水系立交和排砂工程

渠首拦河坝兼有防洪、排砂功能，是保障通济堰灌溉安全的第一道屏障。在总干渠上还建有专门泄洪排沙的闸门和山溪立交工程，它们是保障灌溉安全的第二道屏障。

渠首下游300米处，有一条山溪名为"泉坑"，其水横贯通济堰渠道，每遇山洪暴发就挟带大量沙砾和卵石冲泄而下，"湍砂怒石，其积如阜，渠噎不通，岁率一再开导，执畚锸者动万数"❶，严重影响灌溉效益。北宋政和元年（1111年），知县王禔按邑人叶秉心的建议，在通济堰上建造了一座立体交叉石函引水桥，俗称"三

---

❶ ［南宋］叶份．丽水县通济堰石函记碑，1168。

洞桥"。把泉坑水从桥面上通过，进入瓯江，渠水
从桥下穿流，两者互不相扰，避免了坑水的沙石堵
塞堰渠，使渠水畅通无阻。现状石函引水桥宽 16.75
米，长 11.00 米；桥函面长 8.90 米，桥函宽 13.25
米；桥壁高 2.10 米，桥壁面宽 1.75 米；桥墩高（探
挖测量）4.75 米，桥墩宽 1.00 米，桥墩长（通长）
17.00 米；三洞间距 2.20 ~ 2.35 米；现桥函面底至
现渠底深 1.85 米，被淤积深度达 2.90 米。

　　松荫溪洪水暴发时常夹带大量泥沙进入渠道，
冲坏渠堤、淤积渠道，11 世纪时在保定村段的总干
渠右岸，创建了一座泄洪排沙闸（时称"拔沙门"），
其外直接与瓯江相连，在溪水暴涨时，开闸泄洪排
沙，保障渠道安全，平时则闭闸不开。因其修建在
叶姓土地上，故称"叶穴"。叶穴延续运用 800 多年，
至 20 世纪被废弃，目前仅存遗址。

3. 灌溉渠系及控制工程

　　通济堰有完善的渠系配套工程，渠系分干渠、
支渠、毛渠及田间渠道。引水总干渠由堰头村至概
头村，全长 6.14 千米。在概头村分出东、中、西分
干渠，分干渠以下的各级渠道 321 条，全灌区可以
自流灌溉。灌区内还分布着众多湖塘，这些湖塘与
渠系相通，灌区水源经过调蓄工程，可以满足全年
的灌溉或生活用水需求。渠道上的水闸，当地称为
"概"，在灌区的各级渠道上分布的"概"承担着
分水、节制、退水等不同的功能。

　　通济堰主渠道由通济闸开始，至概头村的开拓
概止，是灌区的输水总干渠，全长 6.14 千米。总干
渠在堰头村的西南部流过，约经过 300 米，到达石

小贴士

水系立交与平交

　　水系立交是指相交的两条河渠，在交汇处分别位于不同的高程区段，就像立交桥一样，两条水流各行其道，相互独立。

　　水系平交则是指相交的两条河渠水位处于相同或叠交的高程区段，两条水流混合，相互影响。

　　中国古代的水系交汇以平交居多。

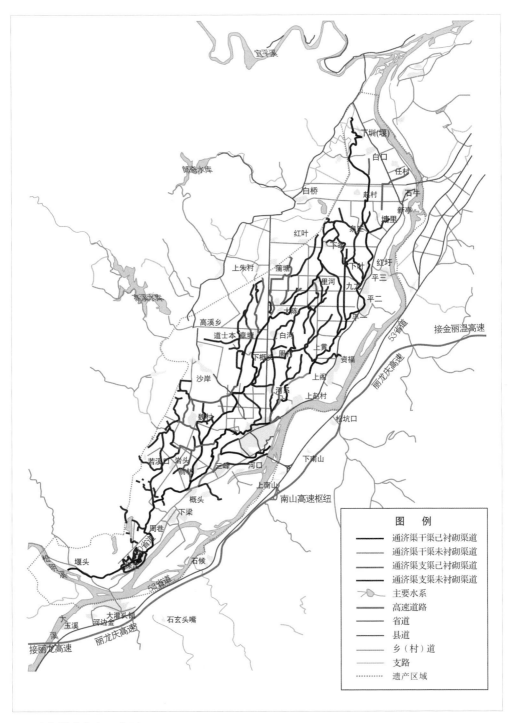

▲ 干支渠系分布示意图

函引水桥（三洞桥）。这 300 米的主渠道，其流过
路线稍有曲折，且宽窄并不十分一致，这应该是初
建时有意而为之，为的是平衡渠道坡降，使渠内水
流平稳顺畅。主渠道直接开挖在田土上，呈矩形河
床，用卵石、块石驳坎。主渠道据称以往是很深的。
据村民回忆，在三洞桥的桥洞下，可以同
时供载着货物、撑着雨伞的人的小船通行。
其深度就可想而知了，现在的深度，不要
说站着撑伞，就是卧在船上通过也不是易
事。从而说明，渠道深度已经明显改变。
总干渠三洞桥以上 300 米为泥筑堤岸、石
驳坎，沿村的渠旁有踏埠、洗浣埠头，供
村民取水、洗涤。在堤岸之上，历史上种
有樟树，以粗大的树根护堤。现仍存有近
千年树龄的古樟树 9 株，排列渠旁，是丽
水市罕见的古樟群落。

▲ 总干渠（三洞桥上游段）
（摄于 2014 年）

▲ 总干渠三洞桥附近的护堤
樟树群落（摄于 2012 年）

　　从三洞桥而下，主渠道顺势向北曲折
了一个大弯，转而向东南流去，约再经过
700 米处，即是保定村（历史上称宝定村）
的西侧村外，历史上的叶穴即修建于此。
现叶穴虽已废多时，但旧址尚存。再由此
向东北流过保定村，曲折流至概头村的开
拓概段。

　　总干渠在开拓概后分为东、中、西三
支，是为通济堰分干渠。其中中支规模最
大，通过木樨花概、城塘概等再行分支，
下行到白桥附近的白口入瓯江，从渠首起
计，沿中支分干渠主线直至瓯江，总长约
22.5 千米，也被称作主渠道。

▲ 总干渠三洞桥至开拓概段
（摄于 2014 年）

▲ 开拓概

▲ 穿过村庄的支渠（摄于2004年）

▲ 通济堰毛渠

▲ 支渠上的砌石概闸（摄于2004年）

通济堰水系的主渠道流至开拓概，由3座概闸分流调节，然后再向下游前进。通过渠网中数十座大小概闸的多次分流调节，通过干渠、支渠、毛渠的分级布局，以竹枝状形式，把水利功能发挥到很高的地位。

开拓概分流后，以中支渠道容量最大，流过的地域最广，灌溉农田面积最多，最后注入瓯江主流的大溪。中支渠与其他两支渠串连，其直接关系到中、下二源，是通济堰水系的主脉。

中支主渠道自开拓概中间闸门开始，流经凤台概，再分南、北两支。

开拓概南支是小渠道，流经碧湖到达横塘，沿途分出支毛渠（多数小支毛渠无名），灌溉各村庄农田。开拓概后北支，向北流行灌溉保定村以北、广福寺以西沿途各村庄的农田。开拓概之后始从干渠上分别挖凿出数百条支渠、毛渠（共321条），按地势走向，分出水域分类，疏为48派，并由大小概闸来实现分水，成为布局合理的灌溉网络。三源分派中，开拓概中支支配着中、下二源，而南、北支基本上归于上源。

通济堰水系的概闸，除了上述的开拓概外，还有大小概闸共计72座，利用这些概闸对不同的支渠、毛渠进行分水调节，为推行三源轮灌制度起了十分重要的作用。

4.调蓄工程

通济堰水系流域中，还配套开挖了许多湖塘水泊，并与支渠、毛渠相连，用于拦储堰水的多余部分，以备旱时用水之不足。这些湖塘水泊，早在南宋绍兴八年（1138年）赵学老绘刊的《丽西通济堰图》碑中，就明确标有白湖、赤湖、何湖、汤湖、李湖、横塘湖、横塘、莲河、毛塘、沙塘等。[1] 通济堰水系中的湖、塘，均是在天然的湖泊、河流及洼地的基础上，改造或挖掘而成的。一般面积大的称为湖，面积小的称为塘。湖、塘根据水系走向，在支渠、毛渠端设置，直接开挖在平原的田野上，尤以在村庄周围分布有众多湖塘为特点。这些湖塘不但有储水功能，还承担村民生活用水的任务。明代《三源水利》碑记载当时灌区主要湖塘17处，最大的为洪塘有三顷七亩。[2] 据2006年通济堰全国重点文物保护单位的调查，灌区内共存大湖塘69个。[3]

▲ 灌区内的蓄水湖塘（摄于2004年）

▲ 蓄水塘

通济堰的河塘星罗棋布，遍布整个碧湖平原。近村边池塘经改造为较深的方塘，有的塘坎还用卵石包砌，并根据需要设有塘埠头，生活用水功能得到显著改善。村外田野里的河塘依旧保持原貌。

---

❶ [南宋]赵学老.通济堰图(绍兴八年).明洪武三年重刊碑，1370。
❷ [明]佚名.三源水利.(光绪)通济堰志.卷一.清宣统元年刻本，1908：17。
❸ 莲都区文物局.丽水市通济堰保护范围、建控地带图.通济堰全国重点文物保护单位记录档案，2006。

二、附属遗产

通济堰灌溉工程相关的附属遗产有管理和祭祀建筑、治水碑刻、历史文献等。詹南二司马庙是纪念通济堰创建者的庙祠，位于渠首左岸，又称龙王庙、龙王祠、龙神庙或龙庙，在北宋之前已经存在，但始建年代已无从考证。北宋元祐七年（1092年），处州知州关景晖所撰《丽水县通济堰詹南二司马庙记》碑中即称"堰旁有庙，曰詹、南二司马，不知其谁何"。范成大《通济堰规》中也有龙庙的管理规定："堰上龙王庙、叶穴龙女庙并重新修造，非祭祀及修圳不得擅开，容闲杂人作践。仰堰首锁闭看管，洒扫崇奉，爱护碑刻，并约束板榜堰首遇替交割。或损漏，即众议依公派工钱修砌，一岁之间四季合用祭祀，并将三分工钱支派，每季不得过一百五十工。"❶ 在灌区内还有龙子庙、龙女庙，詹南二司马祠，以及商议灌区公共事务的西堰公所。

在总干渠保定村段，渠道临近瓯江，高差悬殊经常溃决，在险要处设有镇水石犀1座，年代不可考，是古代祈求堤防安澜的水神崇拜设施。通济堰现存历代治水纪事碑刻共计19通，是见证通济堰历史

▲ 通济堰渠首旁的詹南二司马祠（摄于2014年）

---

❶ ［南宋］范成大.通济堰规.见（光绪）通济堰志.卷一.宣统元年刻本，1909:24.

的重要见证和研究资料，大部分藏于龙庙内。鉴于通济堰对地方经济社会发展的重要性，历代除地方志中对其记载外，还编修有工程专志。据考，《通济堰志》编修始于明万历三十六年（1608 年），此后又经清乾隆二十一年（1756 年）、清道光二十四年（1844 年）、清同治九年（1870 年）三次重修增补，均为民间编修，汇集了宋代以来的碑记、堰规条例、序、跋等文稿，后在光绪年间又续修一部[1]。今所见之堰志为同治及光绪刊本，之前刊本均已佚失，所幸每次重修续修都是在原志基础上增补，基本能够反映宋代以来的工程规模、历次大修、夫役经费、管理施工等情况，是见证通济堰历史和学术研究不可多得的重要资料。

◎ 第三节 堰规传承

通济堰灌溉之所以能持续发展，不断发展完善的管理制度是其重要保障。通济堰长期采用官方与民间结合的管理模式，大体是官方组织关键工程的修建、维修，民间组织则具体负责灌溉用水管理。历代的管理章程以"堰规"的形式，由地方政府颁布并刻在石碑上，供管理者和用水户共同遵守。可考的最早堰规是北宋元祐七年（1092 年）制定，但

---

[1]　陈菁. 通济堰志. 中国水利，1988（6）：42。

原文已佚。现存最早且最具代表性的堰规是南宋乾道五年（1169 年）处州郡守范成大制定的，堰规共 20 条，分别从管理机构、人员、维修、灌溉放水、岁修等方面将管理条例化、制度化，是一部较为全面、实用的管理章程。随着社会发展和工程演变，历代对堰规又有所发展，在范氏堰规基础上分别针对新情况、新问题、新需求增订了一些条款和章程，保障了通济堰灌溉的可持续发展。1949 年之后机构虽几经改革，但政府机构与民间组织结合的管理形式一直保留。1987 年成立的碧湖灌区水利管理委员会，在水利局业务指导下对灌溉工程及用水进行维护和管理，并制定管理规程。

宋时，灌区分为上、中、下三源，开始了以三源为单位的区域轮放管理模式。此后随着社会发展和工程演变，历代对堰规又有所发展。明万历三十六年（1608 年），丽水知县樊良枢新订堰规 8 条、修堰条例 4 条，以及三源轮放水期条规。清嘉庆十八年（1813 年），知府徐以轺增订堰规 4 条，主要内容是变更部分堰务，进一步完善用工、报酬制度。清道光四年（1824 年），知府雷学海新订堰规 8 条。清同治四年（1865 年），知府清安主持订立三源大概新规 10 条，18 段章程，"清规"多达 24 则，详细规定了通济堰各组成部分的规则、维修开支、派支及堰概首职责、用水制度等。清光绪三十三年（1907 年），知府萧文昭立《颁定通济西堰善后章程碑记》，制定通济堰善后章程，迎合当时实际，

▲ 通济堰历代碑刻

序号	修订时间	制定者	堰规内容
1	北宋元祐七年（1092 年）	姚希丽水县尉	不详
2	南宋乾道五年（1169 年）	范成大处州知州	制定堰规 20 条
3	明万历三十六年（1608 年）	樊良枢丽水知县	增定新规 8 则、修堰条例 4 则；制定"三源轮放水期条规"
4	清嘉庆十九年（1814 年）	涂以辀处州知府	增定新规 4 条
5	清道光四年（1824 年）	雷学海处州知府	制定《通济堰新规》8 则
6	清同治五年（1866 年）	清安处州知府	制定《通济堰新规》《十八段章程》《三源大概新规》10 条
7	清光绪三十三年（1907 年）	萧文昭滁州知府	制定《颁定通济西堰善后章程》12 条
8	1957 年	通济堰水利委员会	制定《通济堰管理和养护章程》
9	1968 年	碧湖区水利管理委员会	制定《碧湖灌区水利工程管理章程》
10	1983 年	碧湖区水利管理委员会	制定《碧湖灌区章程》
11	1987 年	碧湖区水利管理委员会	制定《碧湖灌区水利管理条例》《碧湖灌区组织章程》
12	1993 年	碧湖灌区水利管理委员会	修订《碧湖灌区水利管理条例》《碧湖灌区组织章程》

▲ 通济堰管理制度发展简表

制定新规条，并在詹南司马庙后空地建立西圳公所三间，集中堰资专人管理，为今后修缮制定了规范。这套体系切实可行，一直沿用至今，对今天在用古代灌溉水利工程皆有很高的指导意义。1949 年以来，设置了通济堰管理机构，以适应生产发展需要。1949 年建立了有限责任丽水通济堰灌溉利用合作社（董事制）。1951 年过渡到"丽水县碧湖通济堰水

（a）里河村的老井

（b）新井及洗涤台

（c）用水公约

▲ 里河村的生活水源
（摄于 2014 年）

利委员会"，之后更名为"丽水县碧湖通济堰管理委员会""通济堰灌区委员会"等，现由"通济堰灌区委员会"负责三源灌区的管理、维修、养护工作。

灌区内村庄居民生活用水也有乡规民约约束。灌区内有一个以吴姓为主的村落称为里河村，通济堰灌渠穿村而过，村内原有一处大水塘，供村民生活取水，但 20 世纪在建设中被填埋。渠旁有两口井成为现在村民生活水源，井在吴氏祠堂附近，有新、老两口，用途不同。老井专供饮用，新井则供洗涤。旁边的墙上刻有用水公约。

◎ 第四节 了不起的通济堰

通济堰历经千年，仍然发挥着巨大的经济社会作用，且渠系和基本工程仍基本保持原貌，是灌溉工程的典范。通济堰灌溉工程遗产的价值主要体现在领先于其时代的工程科技水平、悠久而深厚的历史文化、水利功能的可持续性等方面。

一、科学的工程规划

1.渠首选址及工程布置

通济堰大坝选址于松荫溪与瓯江汇合口上游约 1200 米处，该处是碧湖平原的制高点，在此筑坝，水流在渠道内可以顺势而下，自流灌溉最大面积的农田。合理的堰址和堰顶高程既保证了灌渠引水量，也使汛期洪水能够安全下泄。13 世纪，拦河坝由木葆土砾坝改建为砌石结构，并设冲砂闸、通船缺、成为具有蓄水、溢流、引水、冲砂、航运等综合功能的水利枢纽。除渠首设冲砂闸外，在干渠上还另外设有一处排洪排砂闸，是保障渠系安全的第二道屏障。渠首选址及工程布置科学合理，功能完备，是有坝引水枢纽工程的典范。

2. 渠系规划

通济堰干、支、毛等渠系覆盖碧湖灌区，层次分明呈竹枝状，节制、进水、退水等概闸配套工程完善，并有湖塘调蓄水量，完善的渠系在宋代之前就已形成。通济堰渠首枢纽、灌溉渠系工程的规划，以现代标准检视仍不失其科学性，对水利灌溉科学技术的发展具有历史贡献。

二、高超的工程技术

1. 拦河坝

早在 6 世纪初，在最大洪峰流量达 5400 米^3/ 秒的松荫溪上，就用竹木、土石材料建成长达 200 多米的拦河大坝，引水灌溉面积 2.98 万亩农田，代表了当时中国水利工程技术水平。13 世纪将渠首改建为砌石结构，兼有排砂闸和船缺，成为集蓄水、溢洪、引水、排沙、通航等功能为一体的水利枢纽，在水利工程史上具有里程碑意义。

通济堰拦河坝平面形状整体呈凸向上游的拱形，据传 6 世纪初建时就是这种形式，13 世纪改建为石坝时保留了这种形式。通济堰是世界上出现较早的拱形大坝。对于通济堰的拱形设计，学者有多种解释：一种是适应河床地形和基岩；另一种是利用拱坝力学原理，使大坝结构稳定的需要；也有学

小贴士

拱形坝与拱坝

在现代水利工程结构型式中，我们常见到"拱坝"一词，它是指一种在平面上向上游弯曲、呈曲线形、能把一部分水平荷载传给两岸的挡水建筑，是一个空间壳体结构，一般都是薄壁。拱坝的坝轴线呈拱形，但坝轴线呈拱形的未必都是拱坝，也可能是重力坝，比如通济堰。拱形重力坝的结构稳定主要依靠自身重力，虽然也有一定的拱形受力作用，拱形坝是曲线形堰坝或称"曲顶堰"的一种。

者认为拦河坝上有供船只上下的缺口，其力学特性不同于现代意义上的拱坝。但无论如何，拦河坝的拱形设计，对岩体结构稳定和水力学特性是有益的。曲线形态与直线相比延长了坝轴线长度，增加了堰顶泄洪能力。坝顶溢流的水流方向集中，有利于下游对冲消能，对坝体稳定有利。

全长200多米的砌石大坝，较好地解决了卵石河床地基和砌石坝体的结构问题。建筑砌石大坝时，先将上千株大松木铺于卵石河床上，其上以大石铺砌，再上用块石砌筑大坝，上、下游则有护坦，为增加块石之间连接的牢固性，又用铁水灌注石缝。在没有钢筋水泥材料的13世纪，采用中国传统工程技术和当地材料建成200多米长的拱形石坝，灌溉2.98万亩农田，代表了当时水利工程技术成就。

2.水系立交工程

中国传统的水系相交绝大多数都是平交，通济堰总干渠上的石函引水桥这种水系立交工程极为少见。石函引水桥建于12世纪，在通济堰渠道上顺山坑水流方向架设，斜交约80度的立体交叉分水工程，让渠水与坑水互不相扰，石函立体排水和交通结合，下流渠道水、中引坑水、上通行人的多层立交建筑，避免坑砂淤积渠道，使溪水、渠水上下分流，互不干扰，从而创造性地解决了山溪水暴涨时引发砂石淤塞渠道的难题，这在水利工程史上具有重要地位。

三、完善而持续的管理制度

通济堰的管理制度，是中国传统水利工程管理制度的典型代表。历朝历代均有完整有效的管理制度和经营体系，实行有效的管理。其中，南宋范成大《通济堰规》作为最早的、科学的管理章程，起了典范作用。范成大《通济堰规》严格管理机构、人员、维修、灌溉放水、岁修等方面，是一部较为全面、实用的管理章程，此后历代在此基础上不断发展完善，形成了通济堰管理史上一整套切实可行的体系，迄今仍具有很高的指导意义，也是研究我国水利管理史不可缺少的标本之一。通济堰这种官方与民间结合的管理制度是在中国传统社会结构和文化土壤中产生的。由士大夫担任的地方官员具有兴修水利、造福百姓的职责意识和文化传统；水利公共工程将灌区社会联接为共同体，由农村士绅阶层组织实施岁修等共同义务并协调用水公平。在此基础上，官方主持大的工程修建，并以政府权威制定和发布堰规，指导民间组织实施渠系的日常维护和用水管理，并且随着时代的发展和工程的演变，堰规不断更新，使管理制度永远能够适应工程和社会经济条件。因此，通济堰工程才能够历久而不衰，持续发挥水利效益，成为水利工程可持续性发展的典范。

四、突出的灌溉效益

通济堰的创建是碧湖平原经济社会发展史上的里程碑。丽水市所在的浙西南地区俗称"九山半水半分田"，碧湖平原约 60 千米^2 的土地是这里重要的农业区。公元 6 世纪通济堰的创建，使碧湖平原 1/3 的土地水旱无虞，1500 年来一直是浙江南部的粮仓之一，这在长期以农业经济为主的中国历史上具有重要意义。通济堰工程的巨大水利功能，养育

▲ 古堰画乡风景区
（引自浙江省人民政府
网站）

了世世代代丽水人民，是碧湖平原的经济命脉。古处州国赋 3500 石❶，丽水承担 2500 石，主要由通济堰灌区生产。目前灌溉面积为 2.98 万亩，灌区人口 3.54 万人，灌区经济仍以农业为主，通济堰仍是碧湖平原经济社会稳定的基础支撑。除农业经济效益之外，兼有农村生活供水及生态、景观效益。历史上松荫溪为通航河道，通济堰拦河大坝上专门设有通船闸，灌渠也可行船，还有航运效益。近几年来以通济古堰水利工程为主题的旅游和文化产业逐渐发展起来，形成古堰画乡风景区和文化产业园，成为丽水经济新的增长点。这是通济堰悠久的历史和深厚的文化所附加的经济效益。

五、灌溉功能的可持续性

通济堰至今已有 1500 年的历史，水利灌溉功能从未间断，为碧湖平原农业的持续发展提供了基础支撑。科学的工程规划和建设，完善而与时俱进的管理制度，是通济堰灌溉工程持续发挥功能的重要保障。现在的通济堰，渠首大坝使用了水泥等新的工程材料，但仍保持历史上的低堰型式和砌石结构，渠道虽进行了硬化，但也仍保持历史上的线路和规模。现在的管理，仍然是官方与民间结合的模式。通济堰现在的灌溉面积为 2.98 万亩，与历史上的灌区规模基本一致。通济堰灌溉工程是对自然江河有序、有限度地开发的典范，是灌溉工程科学规划和设计的典范，是使用传统材料构件与生态环境和谐的典范。

---

❶ 1 石 ≈ 50 千克。

第四章

成惠莆田：木兰陂

（a） 1987 年摄

（b） 2017 年摄

▲ 木兰陂渠首全景

福建莆田木兰陂（简称"木兰陂"）位于福建省莆田市城厢区、木兰溪下游感潮河段，距出海口 26 千米，莆田原意为长满蒲草的滩涂。木兰溪是闽中的最大溪流，为福建省八条主要水系之一，发源于德化县戴云山支脉的笔架山，横贯莆田市全境，独流入海，干流全长 105 千米，流域面积 1732 千米^2。莆田市湾口的湄洲岛是海内外闻名的海神妈祖庙所在地，是妈祖文化的发祥地。

木兰陂始建于北宋治平元年（1064 年），渠首工程是坝闸结合的蓄水工程，至今仍在持续发挥着多种功能，可以引水，可以储蓄水，可以分流灌溉，可以作为防洪屏障，可以抵御海潮侵蚀等，是中国东南沿海拒咸蓄淡的典型代表工程，自 1083 年建成到现在已经持续运行了近 940 年，而且它的渠首位置、工程型式、结构材料也仍然保持着历史原貌。历史上，木兰陂在促进莆田地区社会发展、经济繁荣和抵御自然灾害方面发挥着不可替代的作用。

小贴士

拒咸蓄淡

拒咸蓄淡，顾名思义就是工程在抵御咸潮上溯的同时拦蓄淡水资源，保障充足的灌溉水源。通常这种工程是建设在沿海地区，我国尤以福建省莆田市居多，在保障地区人民生命财产安全、粮食产量、航运等方面发挥着至关重要的作用。我国拒咸蓄淡的工程除了木兰陂，还有天宝陂等古代水利工程。

◎ 第一节 历经坎坷陂塘建成

木兰陂始建于北宋治平元年（1064 年），建成于宋元丰六年（1083 年），在前后 20 年的时间里，经过了三次大规模的修建才最终建成。

北宋治平元年（1064 年）第一次修建，长乐女子钱四娘携带 10 万缗❶ 来到莆田，选择在樟林村的将军岩前"堰溪为陂"，筑起大坝，并从鼓角山西南开出引水渠。但是由于坝址地高溪狭，水流左急右缓，加上坝址地基不好，无法抵挡山洪冲击，大坝刚建好没多久就被洪水冲垮了。

北宋熙宁元年（1068 年）第二次修建，长乐进士林从世，也筹集资金 10 万缗建设木兰陂，选择在今木兰陂下游近 1 千米的温泉口围堰筑陂，但是这里属于港窄潮急的地方，大坝在即将建成的时候，被汹涌的海潮冲毁了，因此第二次建设也以失败告终。

北宋熙宁八年（1075 年）第三次修建，王安石推行《农田水利法》，当时在朝为官的莆田人蔡京多次奏请朝廷兴修莆田水利，侯官李宏应诏到莆田建陂，在精通水利高僧冯智

▲ 后人为纪念钱四娘修建的钱四娘塑像（引自《莆田侨乡时报》）

---

❶ 10 万缗 =1 亿文铜钱。

日的大力协助下，经过长期实地地质和水情查勘，建议将拦河闸坝移建在木兰溪流出峡谷进入平原后约1千米的位置，山溪洪水与潮水上溯顶托最小的地方，也就是洪水与潮水水位差最小的地方，这个位置建坝较大地减轻了上游洪水和下游海潮的冲击，且地基较稳。在破土动工之时，他们借鉴"筏形基础"

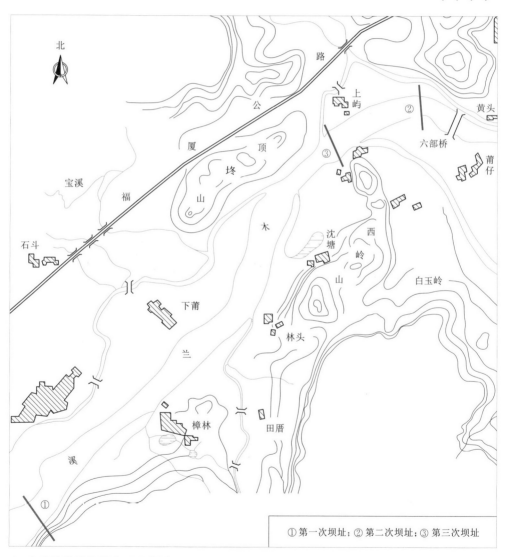

▲ 木兰陂陂首位置变迁示意图

经验，制定了一套严密而复杂的施工工序和技术规范。历经 8 年，1083 年终于建成了木兰陂。

木兰陂建成后，受洪、潮灾害的长期侵袭和地质变化的影响，工程部分损坏经常发生，木兰陂工程也不断地进行着整修和加固。虽然历经多次维护重建，但木兰陂渠首枢纽工程位置和它的结构再也没有发生改变，是我国现存古代灌溉工程遗产中保持原貌最好的一个。

木兰陂在工程建设之初，渠道仅开到南洋，到元代时已扩大到北洋，后逐渐扩建，形成纵横交错的灌溉系统。清康熙年间，灌田 9 万余亩；清道光七年（1827 年），灌南北洋农田 20 余万亩；现如今的灌溉面积为 10867 公顷。

莆田原来是长满蒲草的滩涂，木兰陂的兴建，促进了兴化平原的开发，使这里开始发生了沧海桑田的改变。曾经的"莆地斥卤"，由于灌溉而成为稻田阡陌、花果飘香的沃土，农业生产规模大幅度提高，耕地面积不断扩大。

木兰陂建成后，兴化平原改单季种植为两季种植，由此提高农田种植产量，增加农业经济收入，这是一次跨越式的增收效益。此后，兴化平原土地肥沃，灌溉方便，粮食连年稳产高产，成为莆田乃至福建省粮食生产的基地，极大地推动了莆田经济的发展。元朱德善在《木兰陂》诗中写道："雨过木兰瑶草长，秋深松柏翠云齐。仁波千载犹滂沛，到处春田足一犁"，"金覆平畴碧覆堤"，"麦子平铺青似绣"。这些正是开发后兴化平原农业生产面貌的真实写照。

现代，木兰陂灌溉工程具有灌溉、供水、养殖、

小贴士

筏形基础

筏形基础有平板式和肋梁式之分，是指当建筑物上部荷载较大而地基承载能力又比较弱时，用简单的独立基础或条形基础已不能适应地基变形的需要，这时常将墙与柱下基础连成一片，使整个建筑物的荷载承受在一块整板上，这种满堂式的板式基础称筏形基础。筏形基础由于其底面积大，故可减小基底压强，同时也可提高地基土的承载力，并能更有效地增强基础的整体性，调整不均匀沉降。

水运等水利综合功能，其效益主要体现在以下几个方面：

（1）农业灌溉。木兰陂水利工程的显著效益，就是为农业生产提供水源保证。木兰陂灌区灌溉面积达 10867 公顷。

（2）工业供水。木兰陂灌区每年的工业供水量达到 2.12 亿米^3。

（3）淡水养殖。南、北洋沟渠有 1467 公顷的水面，是天然的淡水养殖场，灌区内拥有养鳗场 56 家，养殖面积 495 公顷，年产鳗 4411 吨，年创汇 2261.4 万美元。

（4）生活用水。南、北洋沟渠遍布，总蓄水量达 3.1 亿米^3，相当于一个中型水库。它不但为当地工农业生产提供水源，还满足本地群众生活用水。

（5）水利交通。莆田市地处闽中，但直至清末交通仍然十分落后。当地人外出靠步行，农副产品、土特名产品输出要靠肩挑，这极大地阻碍了莆田经济发展和社会繁荣。宋方天若在《木兰陂水利记》中写道："陂成，而溪流有所砥柱，海潮有所锁钥。河成而桔槔取不涸之流，舟罟收无穷之利。"木兰陂建成后，纵横交错的河沟形成四通八达的交通运输网络，解决了莆田陆路交通阻塞的问题。

◎ 第二节 拒咸蓄淡构件齐全

木兰陂工程体系包括渠首枢纽工程、渠系工程和堤防工程。

一、渠首枢纽

木兰陂的渠首枢纽工程由拦河坝、溢流堰、冲砂闸和左右岸引水口组成。

迄今为止，木兰陂渠首枢纽工程运行已近940年，陂前基本没有淤积，两处进水口始终正常运用。木兰陂渠首枢纽工程虽在过去历经了数次维护和加固，但整体依然保持着原貌，且持续发挥着灌溉、引水、蓄水、排水和挡水等综合功能，造福莆田人民。

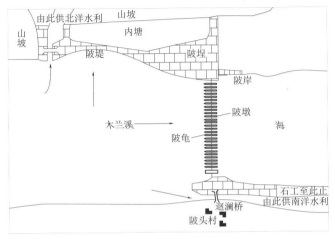

▲ 渠首枢纽工程平面示意图

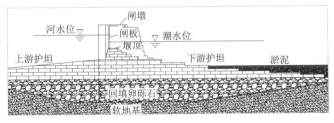

▲ 渠首枢纽工程剖面示意图

▲ 渠首枢纽工程

▲ 拦河坝

1. 拦河坝

拦河坝全长 219.13 米，全部采用大块体花岗岩条石砌筑，属于砌石堰闸型拦河坝。靠北岸为滚水重力坝，长 123.43 米（含南安段 21.36 米）；上游又和广阔的陂埕连成一体，平面为朝上游的三角形状，即俗称北陂埕，面积 2450 米^2；下游陂面用大块体长条石丁顺迭砌成短台阶跌水消能。坝顶平均高程 7.6 米（罗零标高，下同），南岸段为溢流堰闸，长 95.7 米，设有堰闸 28 孔，冲砂闸 1 孔（始建时分设 32 孔）。闸墩宽 0.9 米，厚 0.4 米，长 3.1 米，块重 2.5 吨以上，以巨石压顶，紧密压顶石的末端，即在墩的下游侧，竖有一根 0.6 米^2、高 4.5 米的石柱（俗称"将军柱"），两侧面凿有凹槽嵌入墩体，"钩锁结砌"，构成整体。闸孔平均宽度 2.3 米，堰顶平均高程 6.5 米，使用木闸板启闭，控制上游水位。冲砂闸宽 4.2 米，闸底高程 6 米，堰闸上游 12 米处，长缓坡式浆砌石铺盖，始端与闸底板同厚，平均厚度 2.5 米，部分达 3 米；末端厚 1.36～2 米，平均厚度 1.5 米。闸下游坦水，均使用成吨以上大条石砌筑，分层迭压，每块条石长在 3 米以上呈台阶式伸展，跌水每级高 0.3～0.4 米。厚度自上而下变薄，延伸长度 20～27 米不等，另在堰闸中段下游处，还设有两块加高加厚的舌形护坦，各长 13 米、宽 8.5 米、厚 2 米，用来增强稳定。

2. 导流堤

南导流堤长 227 米，介于南进水干渠和拦河坝及下游港道之间，临水岸墙均用条石丁顺交替砌筑，中间回填红壤和一层三合土保护，上面再用石板铺砌，成为南陂埕。北导流堤长 113 米，上连北进水闸墙，下接北陂埕三角形顶端。下游布设一道浆砌石导流堤长 56 米，位于埝闸和滚水重力坝之间，挑流促淤，保护左岸。

▲ 南导流堤

3. 进水闸

进水闸分南北两座，南洋渠系进水闸，双孔引流，正常进流量 11 米^3/ 秒，受益南洋片莆田县 4 个乡（镇）70 个村，灌溉农田面积 4867 公顷；北洋渠系进水闸，受益城厢、涵江两区和莆田县西天尾镇 63 个村，灌溉农田面积 4267 公顷。

南进水闸，是南洋干渠的进水口，分为两孔，中间鱼嘴起导流作用。

南渠节制闸位于南进水闸下游，对南洋渠系的供水进行控制和调节。

▲ 北导流堤

二、渠系工程

木兰陂以下的南、北洋沟渠，使莆田县、城厢区和涵江区 12 个乡（镇）、133 个行政村受益。木兰陂灌区西起西天尾镇的洞湖口，东至北原镇的汀峰村，北起国欢镇的西沁村，南至新欢镇的壶公山下。木兰陂初建时，灌溉渠道仅开到南洋平原，至元代已扩大到北洋，形成长度超过 400 千米的纵横交错的灌溉河

▲ 南进水闸

▲ 南渠节制闸

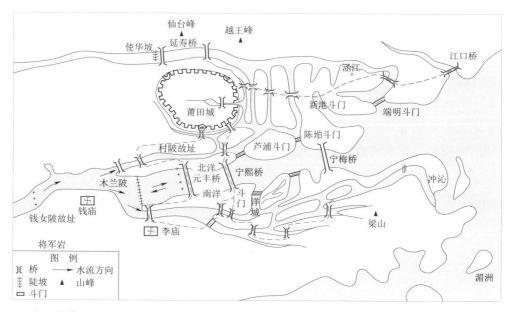

▲ 木兰陂灌区主要渠系
示意图

▲ 迴澜桥（摄于 2013 年 8 月）

网，木兰陂由此成为福建著名的灌区。目前，木兰陂蓄水库容 3.0 亿米³/ 秒，灌溉面积 10867 公顷。

1. 南洋渠道

木兰陂渠首的南进水闸引水通南洋。南洋渠道分上、中、下三段，共有大沟 7 条，小沟 105 条，全长 113 千米，灌溉城南乡、新渡镇、黄石镇、笏石镇、北高镇农田面积 4867 公顷。据旧志记载，大小沟都是李宏所开，大沟都是原来的海港，小沟则是人力开挖的。

迴澜桥是南洋干渠进水口的标志性建筑物。

南洋渠道灌溉范围包括城厢区的城南乡，莆田县的新度镇、黄石镇、笏石镇、北高镇等共 70 个行政村及单位的农田。

2. 北洋渠道

万金桥建于元延祐二年（1315年），是通往北洋的进水闸，引水与延寿溪通。

北洋沟渠比南洋长，全长185.5千米，灌溉城厢区的城郊乡，莆田县的梧塘镇、西天尾镇，涵江区的白塘镇、三江口镇、国欢镇、涵东办事处、涵西办事处等63个行政村及有关单位，农田面积达6000公顷。

三、堤防工程

南、北洋海堤，以木兰陂为界分南北堤，全长87.48千米，其中，南洋海堤长36.73千米，北洋海堤长50.75千米（含涵江港14.93千米）。沿堤设有挡潮闸（又是排洪闸）17座57孔，最大排洪量为1153米^3/秒，涵洞82座，丁坝131条，保护兴化平原莆田县和城厢、涵江两区12乡（镇）50万人，耕地面积13600公顷。

南、北洋海堤历史悠久。史载，南洋海堤于唐元和八年（813年）由观察使裴次元创建。北洋海堤略早于南洋，约建于唐建中年间（780—783年）。南、北洋海堤，历史上曾经为南、北洋人民抵挡潮灾、发展经济发

▲ 南洋干渠进水口及迴澜桥
（摄于2012年4月）

▲ 南洋干渠进水口及迴澜桥
（摄于1987年2月）

▲ 南洋海堤

挥了重要作用。直至 1949 年前后，南、北洋海堤才因长期失修，御潮能力变差。1949 年后，对南、北洋海堤进行整治和除险加固，坚持一年一度在秋汛大潮前加高培厚，南、北洋御潮能力大大提升。

◎ 第三节 水文化遗存丰富

除工程遗产外，木兰陂还有很多文化遗存，包括祭祀庙宇及其水神祭祀、碑刻等，它们见证了木兰陂的历史，记录着木兰陂管理、维护的事件，与工程遗产共同构成了木兰陂灌区特有的文化景观。

一、水神崇拜与祭祀建筑

木兰陂的创建者成为一方水土的守护神，被永久纪念。宋元丰年间（1078—1085 年），当地人民在"惠南桥"前后建两个庙，前庙纪念钱四娘，称"贞惠庙"；后庙纪念李宏、冯智日、林从世等人，称"义庙"。钱四娘被尊为水神，庙里供奉着她的神像，当地还流传着很多关于她的故事。在中国诸多水神中，钱四娘是少有的女神。对她的祭祀，不仅是人们对风调雨顺的祈祷，更是对木兰陂灌溉秩序的民间约束。

现在的李宏庙是于元延祐年间（1314—1320 年）重新择址新建的。现存建筑物则为清中叶所建，迎山造，面阔三间，古朴庄严，庙内竖有历代维修木兰陂记事的石碑 14 块。

1995年，修缮李宏庙，建设木兰陂纪念馆。

木兰陂建成后，受洪、潮灾害的长期侵袭和地质变化的影响，工程部分损坏经常发生，碑刻记载了不同历史时期对木兰陂进行的几次大维护、整修以及工程管理等情况。

▲ 木兰陂纪念馆

二、碑刻

木兰陂自建成至今所进行的较大规模整修，大多记录在木兰陂纪念馆碑廊中保存的14块石质木兰陂修缮碑刻上，为了解木兰陂的历史演变和修缮过程提供了详实的、客观的史料。

▲ 木兰陂纪念馆碑廊
（摄于2007年8月）

1.《重修木兰陂记》

明永乐十一年（1413年）《重修木兰陂记》碑记载了木兰陂原为32孔，由于水灾，4根陂柱（将军柱）被摧毁。修复时28孔木板闸改为石板闸，水多时溢流过闸入海，水少时蓄在坝前；保留1孔为木板闸，水多时可冲砂入海，称为脱砂斗门。自此，木兰陂渠首工程一直保持堰闸28孔，冲砂闸1孔，一直沿用至今。

2.《重修陂送水堤并钱李二庙》

明万历三十七年（1609年）《重修陂送水堤并钱李二庙》碑记录了木兰陂维修情况。木兰陂建成之后，由于受到洪水冲击和海潮的侵蚀，岸堤损坏。李维机注意到堤防状况非常危险，急需维修，于是上报郡守，郡守察看后同意维修，不仅维修了送水堤，同时还维修了惠烈、惠济二庙。

3.《重建木兰陂记》

清康熙六年（1667 年）《重建木兰陂记》碑，记载了由于战乱，木兰陂长期没有维护，万顷良田即将变成沟壑，绅士耆民向太守陈公请愿，陈公会同吴公、王公、康公、沈公等勘察形势，认为没有任何事比重建木兰陂更重要，他率领官员捐俸禄，准备建筑材料，对木兰陂和钱、李二庙进行了重建。

▲《重修木兰陂记》碑　　▲《重修陂送水堤并钱李　　▲《重建木兰陂记》碑
　　　　　　　　　　　　　　二庙》碑

◎ 第四节 东南沿海树立典范

福建莆田木兰陂是我国古代大型水利工程的典型代表作品，其附属物等以古朴坚实的物质实体，记述着真实的木兰陂工程建设的历史人物与历史故事，承载着丰富的文化内涵与人文精神，衍生出大量的优美诗词与特色碑刻，从而使其蕴含着深厚的文化积淀，具有很高的文化价值。木兰陂见证了唐宋时期中国南方人口增加、农业快速发展的历史。近940年的运用，衍生了丰厚的灌溉文化，并融入工程和用水管理的每一环节。

在世界土木工程中，木兰陂有重要的地位。科学的规划和周到的设计，使拦河闸坝的位置恰到好处，卡枯水量变幅极大的木兰溪，在工程控制下，既有效地阻挡了咸潮上行，又尽可能多地将木兰溪的淡水留给灌区，尤其是在水源短缺的冬春两季。

木兰陂拦河闸坝位置的选择，首先归功于规划的科学性。经过实地长期考察，坝址选择在木兰溪流出峡谷进入平原后约1千米的位置，山溪洪水与潮水上溯顶托最小的地方，也就是洪水与潮水水位差最小的地方，这里建坝较大地减轻了上游洪水和下游海潮的冲击。从钱四娘到李宏，木兰陂的创建过程，是建设者们对木兰溪水文地质认知的过程，同样是重力型闸坝工程重要的实践。

木兰陂的工程结构同样匠心独具。闸基和拦河坝采用本地花岗岩砌筑，最大坝高7.25米。这样重力型的水工建筑，为解决上下游水位差，

▲ 将军柱（摄于2012年4月）

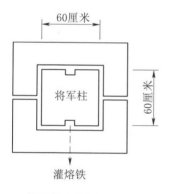

▲ 将军柱示意图

以及流速极高的洪水冲击的情况，采用"筏形基础"，加长的基础有效地减少了单位面积上的砌石闸墩压力。每一闸墩下游一侧是长4.5米、断面0.6米×0.6米的石桩——将军柱。柱底插入河床基岩上，并熔生铁使与基岩成为整体。闸坝基础采用木桩和抛石，以保障大块砌石不发生过大的沉陷。坝堤砌石之间用铁锭固结。这样的结构有效地维系了木兰陂近940年的运行，至今依然保持着历史时期工程建筑的基本形态。

木兰陂在破土动工之前，结合地质与水文情况制定了一套严密的施工工序，将工程分为两期进行。第一期在河道南半部筑"上下游围堰，以障溪海之流，引水从别道入海"，即先在溪道南半部围堰建闸，而以北半部河道作为施工导流渠。第二期于闸堰建成后，破堰通水，在枯水季节适当时机，把北半部河道堵口合龙。此施工程序有机地结合选址点的地形地貌，着重考虑木兰陂的水流变化情况，不仅便于施工，同时也降低了工程的建设难度与复杂性，还有效地保证了施工工序的顺利完成，其科学性值得借鉴。

"木兰春涨"是莆田传统的"二十四景"之一，具有较高的景观价值。木兰陂自宋代建成后，为当地平添了一处秀丽的自然景观。每逢"春水初涨，陂上溪面宽广，水平如镜，倒映桃柳；溪水泱泱，排筏往返；两岸青山绿树，水中风光如画。当春水暴涨时，溪水越过滚水坝，汇成瀑布，发出雷鸣声响"。因此，"木兰春涨"景观给人带来视觉与听觉的震撼。

▲ "木兰春涨"景观

木兰陂自建成至今，不断发挥着"排、蓄、引、挡、灌"等综合水利功能，不仅保护着木兰溪两岸百姓的生命财产安全，而且保障了灌区内几十万亩良田的灌溉以及工业用水、生活供水，同时，还兼有交通运输、水产养殖之利，使区域生态环境状况良好，大大促进了当地经济的发展，体现出独特的社会价值。

◎ 第五节 科学管理持续使用

木兰陂最初是民间自筹修建的灌溉工程，建成后政府参与管理，于是形成官方与民间相结合的管理模式。政府主要负责工程建设与维修。宋代，设有专官负责工程岁修经费、劳役筹措与施工监督等。16世纪时，在经常发生用水纠纷的分水陡门设"水则关"，政府委派专人负责闸门启闭。灌区的用水分配则由受益用水户自行组织管理。目前，木兰陂的管理机构为木兰溪水利管理处和南北洋海堤管理处。

第五章
无塘无库自灌溉：紫鹊界梯田

▲ 紫鹊界梯田

湖南新化紫鹊界梯田(简称"紫鹊界梯田")位于湖南省雪峰山脉奉家山系中部新化县境内，地处长江二级支流资水流域，属亚热带气候，多年平均降水量1643.3毫米，灌溉总面积6416公顷，共500余级，坡度在25～40度之间，分布在海拔500～1200米的山麓间。2014年被国际灌溉排水委员会公布为首批世界灌溉工程遗产。

宋代时，紫鹊界梯田已有相当规模，之后于明清时期达到全盛，至今已有1000多年的历史，由当地汉、苗、瑶、侗等民族的原住民共同创造。以稻作农业为主，具有自流灌溉的特点，又充分发挥了水土保持、人工湿地的效益。

紫鹊界梯田开垦的时代，正是古代中国人口增长的高峰时期，梯田的修筑帮助解决了人口增长与粮食短缺的矛盾，开创了山区稻作农业的先例，是亚高山地区粮食生产与水土保持有机结合的典范。居住于紫鹊界的先民充分利用了当地的自然条件，用传统的技术和材料，加以科学有效的规划，创造性地采用了多种技艺，在坡度大于25度的山体上修建梯田，综合开发了水土资源，筑成了拥有完善水源工程、供水工程和排水工程的自流灌溉体系。这一工程体系历经千年而不衰，至今仍被有效运用，形成了生态和谐、环境优美、人民安居乐业的生存环境，维持着当地居民正常的生产生活以及今后农业的可持续发展。

◎ 第一节 遗产的由来：修筑有度，灌溉有方

　　紫鹊界梯田建设有着悠久的历史。由于遗产地世居民族没有文字，对其历史的考证主要依据有关文献及地方姓氏族谱、家谱的记载。

　　从大的历史背景看，紫鹊界北有9000年前稻作遗址澧县彭头山，东有5000年前的神农氏炎帝陵，南有出土15000年人工栽培稻的玉蟾岩，西有保存7000年神农像的黔阳高庙遗址。而紫鹊界正处于这四大古稻作文化遗址的几何中心，这种得天独厚的人文历史和自然地理环境及丰富的水资源，为紫鹊界开凿梯田创造了各种必备条件。

　　在下梅山有旧石器晚期的小淹遗址，上梅山有多处新石器时代遗物点，这里的族群是九黎、三苗的后裔。相传三苗有个首领叫善卷，他是尧帝之师，是一位舜帝也要让位于他的人物，为避舜之锋芒而隐居于武陵（西汉时的武陵郡在古梅山，今溆浦县），死后葬插合岭（古梅山腹地，资江河畔，今新化县大熊山对面的安化县）。既然有这么一位领袖人物隐居于梅山，他的族群生活在这里是毫无疑义的，他们是后来被称之为长沙蛮的一部分。他们的子孙循例韬光养晦，生息繁衍，在这片土地构建了"阡陌纵横"的世外桃源。道光《新化志》记载贡生陈长炳云："秦时冯君者(有学者认为也许是'奉君'，新化方言'冯''奉'同音）避秦

▲ 紫鹊界梯田

71

乱潜身于兹（指紫鹊界旁的一座山，叫古台山），负岩为居，撷草木果蔬为衣食，后不知所终，有心者构天云庵以祀之。"既然有人到紫鹊界来避秦乱，说明秦时紫鹊界一带已有人烟，从梅山地出土的战国矛、剑等兵器和农具铲、镰等铁器，足见当时这里生产力已相当发达。

秦末番阳令吴芮率部倒秦，被项羽立为衡山王，其部将梅绢功多亦封列侯。汉高帝五年（公元前202年）徙芮为长沙王，梅绢从之，以梅林为家，这里才有了"梅山"这个称谓（《史记》），东汉永寿三年（157年），梅山蛮夷首次参与了长沙蛮的反叛活动，山外方知有"梅山峒蛮"的存在，自此也打破了古梅山的平静。从后唐至宋熙宁数百年间，发生多次征剿梅山蛮夷的战争，山外汉人也陆续迁徙梅山。

紫鹊界有梯田的文字记载，初见于北宋太平兴国年间（976—983年），有罗姓始迁祖罗彦一择楼下村定居，据《新化地名志》载：之所以取名"楼下"，是因村后陡坡的田土如楼梯而得名。足见此时紫鹊界梯田已有相当规模。宋熙宁五年（1072年），章惇奉命开梅山，留有《开梅山》诗，诗中写道："人家迤逦见板屋，火耕烧确多畲田"，正是对当地山民开垦梯田的真实写照。

新化王化以后，随着"给牛贷种使开垦，植桑种稻输

▲ 紫鹊界梯田

缗钱"（章惇《开梅山》诗）政策的推动和大量汉民的迁入，使紫鹊界进一步从渔猎文化向梯耕稻作文化方向转化，山地梯田开垦数量大幅度增加，山地稻作文化得到空前发展。南宋邵州招讨使奉朝瑞于绍熙四年（1193 年）到紫鹊界奉家山一带征剿蛮夷，降服 36 峒之后，却劝谕部属就地定居，理由是"天下大乱，此地无忧，天下大旱，此地有收"，奉姓后来发展成紫鹊界一带的名门望族。明万历年间新化教谕杨佑（钱塘人）在《新化怀古》诗中有"畲田仍粤俗，板屋有秦风"（道光《新化志》），应算是对新化山民从秦代至明代在紫鹊界开垦梯田的一个历史性总结。

到清代，紫鹊界的稻米远销山外，黄鸡岭的贡粮更是闻名遐迩，成了新化的渔米之乡、产粮基地。

综上所述，紫鹊界梯田在宋代（10 世纪）已有相当规模，闻名于清代。

现在，紫鹊界梯田仍养育着 16 个村 17000 多人，传统的生产、生活方式在这里保留。紫鹊界梯田的耕种，广泛采用"杂交水稻之父"袁隆平培育的"岗优 881""金优 191""籼优 58"等杂交粮种，大力推广旱土场坪育秧，而紫鹊界所产的糯米、红米、黑米远销山外，梯耕稻作依然是紫鹊界的支柱产业。同时充分利用稻田养鸭、养鱼，在座板屋间栽种果蔬和风水树，旱地则广种花生、玉米、磨芋、百合、苡米、茶叶等经济作物。

◎ 第二节 灌溉体系：山高水长，隐形水库

▲ 灌溉设施——竹枧渡槽

紫鹊界梯田规模巨大，地势险峻。放眼望去，阡陌纵横，线条流畅。由蓄水工程、灌排渠系统、控制设施组成的灌溉体系，利用天然的泉水补给，维持着这片土地的生机。

紫鹊界山地植被茂盛，山泉、山溪众多，常年不竭，溪流总长达170余千米，呈树枝状分布，故而水资源涵养条件极好。成片梯田以引溪水灌溉为主，其中泉水直接灌溉只限边缘局部田块，溪流水位有多高，梯田就有多高。水源由小溪坝截流引水，经输水渠送到梯田区，梯田内部的灌溉则是串灌串排。为防止冲刷田埂造成崩塌，从高一级梯田流入低一级梯田时，用竹子通穿挑流，使水送到离田埂脚较远的位置，局部的台田用竹子作枧（小渡槽），所有梯田均能自流灌溉。

紫鹊界先民在这些山间溪流上修建小型堰坝，高1米左右，长2～3米，拦水、溢洪、排沙、引水功能齐全，根据梯田供水需要建设在不同高程，据现状统计共有69座。进水口多在堰坝上游几米远处，方向与溪流走向呈60度以上夹角，保障引水安全。坝顶高程低于引水渠面，暴雨时洪水可从坝顶溢流排泄。渠首段设有沉砂池和冲砂闸，一年或几年冲砂一次即可。这种小坝日常无需专人管理维护，使用方便。层层的梯田同时也有蓄水的功能，

> **小贴士**
>
> **竹枧渡槽**
>
> 从高一级的梯田向低一级的梯田输水，或向孤立山头的台田输水时，就地取材，用打通的竹筒输水，这种渡槽称作"枧"。

田埂高度一般为 0.2 ~ 0.3 米，这样每亩梯田就可蓄水 50 ~ 60 米^3，全部梯田田块的蓄水能力就可达近 1000 万米^3，加上土壤涵养的丰富地下水量，保障了梯田作物充足的水资源。

▲ 坝配套的净水设施——设于渠首段的沉砂池

梯田里层层叠叠的狭长田块，也是临近田块间输水的主要通道，称作"借田输水"。在相对独立的田块区则需要修短渠，将水从塘坝或其他田块引来。由于灌溉单元都不大，输水渠道的长度、断面和流量都很小，当地管这些渠叫"沟圳"。水渠一般不穿田而过，而是沿着田块内侧或外侧，用矮埂将渠和田隔开。紫鹊界梯田里这类渠道总长有

▲ 借田输水——梯田的田块也是输水通道

153.46 千米，都是土渠，挖掘和维护管理都很方便，用最少的工程量保障了每块梯田的用水。从高一级的梯田向低一级的梯田输水，或向孤立山头的台田输水时，还就地取材，用打通的竹筒输水，这种渡槽称作"枧"。通过这些设施，梯田实现了自流灌溉。

完善的排水系统是灌溉安全的重要保障。紫鹊界梯田的排水体系充分利用了天然的山谷沟道，在相交输水渠和相邻梯田的合适位置开设排水口，即形成天人合一的排水体系。山间每隔一定距离有一条基本上垂直于等高线的天然排水沟，一般是山谷线，坡降特别大且依山势变化，沟底一般为基岩，抗冲刷力强，在局部土层较厚的地方，当地农民会放置一些薄石块护底，或筑砌一些片石护坡，防止

被过度冲刷。因此这些沟溪既是梯田的供水水源，又是排水干道。它们与沿等高线方向平行分布的输水渠和条带形田块共同组成了紫鹊界梯田的水系网。

◎ 第三节 灌溉管理：乡村自治，刻木分水

梯田的用水管理分配和工程维护以乡村自治管理为主，受用水户共同遵守的乡规民约的约束。紫鹊界梯田是一处古农耕稻作文化遗存，苗族、瑶族、汉族三族聚居在此，在悠长的农作历程中，紫鹊界梯田区灌溉形成些不成文的规定，当地农民世世代代自觉遵守，例如高水高灌，低水低灌，较高一级渠道的水灌较高的梯田；每条渠道所灌梯田的数量、位置都有规定。根据所需灌溉梯田面积的大小，经所有涉及用水利益的人协商，约定每条水沟应该分得的用水量。选用耐腐蚀、耐浸泡、耐磨损木材制作木刻分水器，把它安放在渠道的分水口处，让水流按照开口宽度自行分水，分别流入各条分水沟，保证了每块梯田都能得到约定的用水量。紫鹊界梯田灌溉区有时也缺水，但从来不发生水事纠纷。

▲ 刻木分水

◎ 第四节 遗产价值：天下大旱，此地有收

紫鹊界的梯田至今仍在养育着 16 个村 17000 多人口，传统的生产、生活方式在这里保留。高山上的森林至今仍在供给人民生活用水和农田用水，69 座堰坝和 153.46 千米水渠仍在灌溉着千山万岭之上的梯田。紫鹊界水资源除灌溉稻田外，剩余水源汇集于山谷形成小溪，利用天然落差广泛用于水碾、水磨、饮用等生产生活设施，历史久远，卓有成效。正因为如此，说到紫鹊界梯田的灌溉效益，此地流传有一句谚语："天下大乱，此地无忧；天下大旱，此地有收。"

梯田耕种作为梯田区人口繁衍发展与生计的主要手段，是当地居民经济生活中最重要的部分，为生存、繁衍、发展提供了坚实的物质保障和最强劲的发展动力。此外，湘中地区是汉族、苗族、瑶族、侗族等多民族聚居区，紫鹊界梯田又是当地渔猎文明向农业文明发展过程中的产物，通过对高山土地的开发，保障了文明的发展和民族的交融。因此，梯田是本地多民族文化发源、成长的沃土。

进入现代社会，紫鹊界梯田作为本地人世代所依赖的农田，除提供最为重要的大米和鱼虾、蔬菜等食物来源外，其经济效益与一般稻田相比，还存在于其所蕴藏的旅游价值。紫鹊界梯田文化价值已得到了国内外的广泛认可，旅游收入也已经成为当地重要的经济来源之一。

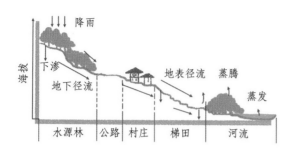

▲ "森林—水泵—梯田—村寨"山地生态系统示意图

紫鹊界先民因地制宜，在气候较寒冷的高山保留森林，保障了水源和自然环境的总体平衡；在气候温和的半山区建村落，便于人居和生产；在气候较热的下半山垦殖梯田，修建了坡地配水系统。由于森林的水源涵养和梯田的泥沙阻拦及蓄水作用，其生态效益主要体现在水土保持、地下水补给、对河谷的洪峰调节、水质净化、小气候调节等方面，其强大的生态效益有力地促进了经济和社会效益。据中国西北地区的研究表明，水平梯田蓄水效益和保土效益平均高达 86.7% 和 87.7%；据中国台湾研究表明，梯田作为水田种类之一，可提供陆生和水生动植物的孕育环境，具有环境保育功能，对生物多样性保护极为有利，同时，水田系统的水质净化功能使其具有一定的污染控制能力。

紫鹊界梯田与地势地貌、生态环境、民族建筑的完美结合，创造了集独特的融梯田景观、气象景观、民族民居建筑、森林生态景观和丰富多彩的民族风情文化于一体的综合景观，全面展现了人与自然相融合的梯田景观艺术的巧夺天工，是自然景观和人文创造力的完美结合，具有无与伦比的景观艺术价值。

第六章

现存最早的陂塘型灌溉工程：芍陂

▲ 安丰塘（古名"芍陂"）
（朱江 摄）

安徽省寿县芍陂（简称"芍陂"），具有2600余年的历史，比都江堰和郑国渠还要早300年，是中国中部典型的陂塘型蓄水灌溉工程，更是中国古代重视水利、发展农业的历史见证，至今仍在发挥重要的效益，是可持续灌溉工程的典范。2015年，芍陂被评为世界灌溉工程遗产。

◎ 第一节 楚国东扩与芍陂创建

芍陂位于我国安徽省中部，淮河中游南岸。

芍陂创建，既是经济社会发展到一定时代的

必然产物，也与楚国开疆拓土以及楚庄王争雄称霸的战略密不可分。春秋中期，尤其是楚庄王时期（公元前613—前591年），楚国逐渐在诸侯争霸中强大起来。芍陂所在的淮南地区，在楚穆王统治时期（公元前625—前614年）已被纳入楚国势力范围之内。公元前601年，楚庄王派兵一举平定群舒叛乱，进一步加强了对江淮地域的控制，包括今霍邱、寿县、六安、合肥、霍山、舒城、庐江、桐城、怀宁等地。至此之后，淮河以南、巢湖以西广大地区正式成为楚国疆域，这里与江苏南部和浙江北部的吴越两国相邻界，是楚国北上南下的军事要道，战略位置极其重要。因此，如何使淮南这一战略要地尽快变为楚国稳固的后方粮仓，就成了楚庄王谋求争霸大业的当务之急。

淮南地区气候温暖湿润，水土资源条件优越，适合大规模发展稻作农业，但囿于水旱灾害频仍，百姓经常流离失所，加之农业灌溉设施匮乏落后，粮食产量难以有效保证军需民用。就在楚庄王雄心勃勃推进霸业之时，时任楚国令尹虞邱向楚庄王推荐孙叔敖为令尹，帮助楚庄王实现富国强兵大计。孙叔敖姓蒍，蒍氏为楚国大贵族，其祖蒍吕臣曾担任过楚国令尹，其父蒍贾做过楚国工正、司马等要职。孙叔敖深受家庭熏陶和父兄影响，自幼热心水利事业，在土木工程设计和施工方面颇有专长。

▲ 孙叔敖雕像

公元前602—前593年，孙叔敖担任楚国令尹，他积极辅佐楚庄王发展生产、整顿内政、集中权力、改革军事，组织人民在楚国境内兴水利，大大改善了当地的农业灌溉条件，显著提高了粮食生产能力，为楚庄王称雄列国提供了物质保障。孙叔敖充分利用地形地势和当地水源条件，汇集山溪之水，选定淠河之东、瓦埠河之西、贤姑墩之北、古安丰县城南一大片地带，利用地势落差围堤筑塘，蓄水积而为湖用于农业灌溉，以达到除水害、兴水利的作用，这就是芍陂。

小贴士

芍陂名称由来

据颜师古《汉书注》，芍音"酌"，又音"鹊"（见《汉志·庐江·潜下》），芍字《说文》训凫茈，即今之荸荠。芍陂之名，源于白芍亭，白芍亭在芍陂内，创建年月不可考，陂水围绕着亭积为湖，因此称为芍陂。隋代开皇三年（583年）安丰县移至芍陂西北隅之后，取"安丰"之吉祥寓意，芍陂又称"安丰塘"，始见于《唐书·地理志》"寿州……安丰……县界有芍陂，灌田万顷，号安丰塘"。

◎ 第二节 工程体系逐步发展完善

芍陂自春秋中期创建，经历春秋、战国、西汉，一直没有大修的记载，到东汉建初八年（83年），王景任庐江太守，王景对水工很有研究，以治理黄河而著名，到任以后，看见芍陂已经荒废，当地人民不知牛耕之法，就亲自率吏民修治芍陂，并教用犁耕，在水利灌溉与先进耕作技术的结合下，"由是垦辟倍多，境内丰给"❶。改变了当地"食常不足"的状况。芍陂有明确的管理官员制度也始于西汉时期，根据《汉书·地理志》的记载："九江郡，秦置。

---

❶ ［南朝］范晔. 后汉书·卷七十六·循吏列传第六十六，卷76. 中华书局,1978:2466。

汉高帝四年（公元前203年），更名淮南国。武帝
元狩元年（公元前122年），复故。有陂官、湖官。"
当时九江郡所辖县十五，其中包括寿春邑，说明芍
陂在西汉时期已开始有专设的陂官来进行管理。

　　曹魏屯田时，芍陂得到了很好的修治。曹操于
196年颁布"置屯田令"，在许昌试行成功后，便
向各地推广。而屯田必须要有良好的水利条件做支
撑，扬州地处江淮地区，扬州刺史刘馥受曹操指令，
大力发展水利事业，"广屯田，兴治芍陂及茹陂、
七门、吴塘诸堨以溉稻田，官民有蓄。" **❶** 曹操之
后，魏正始年间，为了扩大与孙吴作战的供需，邓
艾受命"广田蓄谷"，十分重视发挥芍陂的作用，
对芍陂进行修治，在芍陂旁修建了五十余所小陂，
并在"芍陂北堤凿大香门水门，开渠引水，直达城
濠，以增灌溉，通漕运。**❷** 邓艾修治芍陂后，芍陂
的灌溉面积逐渐扩大，寿春成为当时淮南淮北的重
要产粮中心，正如《晋书·食货志》所说："自钟
离而南横石以西，尽沘水四百余里，五里置一营，
营六十人，且佃且守。兼修广淮阳、百尺二渠，上
引河流，下通淮颍，大治诸陂于颍南、颍北，穿渠
三百余里，溉田二万顷，淮南、淮北皆相连接。自
寿春到京师，农官兵田，鸡犬之声，阡陌相属。" **❸**

　　这一时期处于封建社会发展的上升时期，政
治统治需要雄厚的经济基础做支撑，水利灌溉设
施是保证小农经济发展的重要条件，因而统治阶

小贴士

屯田制度

　　屯田制度，是指中国古代朝廷利用士兵和农民垦种荒地，用来取得军队给养或税粮的制度，包括军屯制度、民屯制度和商屯制度。曹魏时期屯田制度先在许昌试行，成功后，向各地推广，芍陂所在的淮南地区是曹操重要的统治区域，也是当时重要的屯田区。曹操之后，魏正始年间，为了扩大与孙吴作战的供需，也奉命屯田，修治芍陂。

---

❶ [西晋]陈寿.三国志·刘司马梁张温贾列传：魏书卷15.中华书局,1978:463。

❷ [清]夏尚忠.芍陂纪事.中国水科院水利史所馆藏,清光绪三年刊印。

❸ [唐]房玄龄,等.晋书·食货志：卷26.中华书局,1978:785-786。

级多重视水利的发展，不仅在管理上设置专官管理，并且有较为规范和系统的整治，芍陂的灌溉作用得到充分发挥。

西晋太康年间，芍陂存在着固定的岁修制度，每年维修芍陂，往往动用数万人，百姓出钱出力，却贫困失业，由于司马氏反对屯田制，周边豪强开始大肆占领兼并土地，淮南相刘颂对芍陂进行了有效的治理，制裁不法大户，"颂使大小戮力，计功受分，百姓歌其平惠。"❶ 但是随后很快因为南北朝割据战争的影响，芍陂又久失治理，灌溉面积也逐渐缩小，直至刘裕结束东晋的统治。430 年，刘裕的侄子长沙王刘义欣任豫州刺史，镇守寿阳，看到芍陂塘堤损坏已久，秋夏季节有水旱之苦，引渒水入陂的旧沟也被杂树乱草堵塞，水源枯竭，"义欣遣谘议参军殷肃循行修理，有旧沟引渒水入陂，不治积久，树木榛塞；肃伐木开榛，水得通注，旱患由是得除"。❷ 刘义欣不仅对水源加以疏通，还对霸占陂田的豪吏给予打击，芍陂得以恢复，其灌溉作用大大促进了淮南地区的农业生产。《水经注》里所描述的芍陂工程的情况，大抵是这一时期的实况，据文字分析，芍陂当时有五个水门，分别在东北一门（井门）、西南一门，西北一门，北面两门。这正好符合芍陂南高北低、东高西低的地势。

南齐时期，北魏不断南侵，地处南北战争的

小贴士

水门

古代水闸，也称斗门、陡门或牐，建在河床或河湖岸边，用以控制水位、取水或泄水的建筑物。最初的水门是用木土筑成，后发展为木石结构，遗存至今的都是条石砌筑而成。闸门则多为木制叠梁式。

❶ ［唐］房玄龄，等. 晋书·食货志：卷 46. 中华书局,1978:1294。
❷ ［梁］沈约撰. 宋书：卷 51. 列传第十一·宗室。

寿阳一带，因为连年战乱，芍陂又处于连年失修、堤埂崩坏的状态。正如《南齐书》所说："比年以来，无月不战，……淮南旧田，触目所极，陂堨不修，咸成茅草。……近废良畴……可为嗟叹。"

这一时期芍陂最初存在较为稳定的岁修制度，期间也经历过几次效果明显的整治，但由于国内南北割据、战乱不断，芍陂长期处于连年失修、堤埂崩坏的状态，灌溉效益总体降低。

隋朝统一北方之后，开皇九年（589年），出兵江南灭了陈朝。590年左右，隋朝寿州总管长史赵轨对芍陂水利工程进行了一次大的改造，由孙叔敖初建时的"五门"，增为"三十六门"，"芍陂旧有五门堰，芜秽不修。轨于是劝课人吏，更开三十六门，灌田五千余顷，人赖其利。"❶ 但是关于三十六门的详细资料并不多见，1024年，宋祁《寿州风俗记》提到芍陂"窦堤为三十六门，均出与入，各有后先"。再有就是明嘉靖二十九年（1550年）编修的《寿州志》，记载了芍陂三十六门的具体名称和流经地点。其中就有"井字门""大香门""小香门"，因此可以看出隋代所开的三十六门是在春秋以来芍陂五门基础上所做的继承和发扬。这一次修治之后，芍陂的水利作用持续较长，直到唐肃宗时期，中间150余年间，未见史籍有整修芍陂的记载。

---

❶ ［清］夏尚忠.芍陂纪事.中国水科院水利史所馆藏，清光绪三年刊印。

唐肃宗上元年间，"于寿州置芍陂屯，厥田沃壤，大获其利"**❶**。芍陂得到短暂的发展时机，灌溉面积曾达到万顷。**❷** 紧接着由于五代十国的战乱，芍陂又处于无人治理、逐步淤积的境地。

宋仁宗年间，淮南地区遭遇水旱灾害，安丰知县张旨"大募富民输粟，以给饿者。既而浚渒河三十里，疏泄支流注芍陂，为斗门，溉田数万顷，外筑堤以备水患。"**❸** 疏通河道，修建水门，修治堤防，这一系列措施在一定程度上恢复了芍陂的灌溉作用。与张旨同时为治理芍陂做出贡献的还有寿州知州李若谷。李若谷在寿州任给事中仅有七八个月的时间，作为张旨的上司，对张旨惩治不法豪吏占陂为田、破坏水利的行径，给予了很好的支持，上下联动有力地推动了芍陂的治理与管理。**❹** 之后十年左右，庆历二年（1042年），宋祁上《乞开治渒河疏》，指出芍陂"今年多被泥沙淤淀，陂池地渐高，蓄水转少"**❺**，楚人张公仪于皇祐三年出任安丰县令，在皇祐三年（1051年）至皇祐五年（1053年）之间，组织力量修治芍陂，延续了张旨治理芍陂的功绩。因此，皇祐四年（1052年），舒州通判王安石去桐乡赈灾，路过芍陂，看到在桐乡"市有弃恶婴""百世无一盈"的饥荒下，芍陂附近的人民还能过上较为

---

❶ ［北宋］李昉，等．太平御览：第1册．中华书局，1960。
❷ ［后晋］刘昫，等．旧唐书·地理志：卷40．中华书局，1978:1577。
❸ ［元］脱脱，阿鲁图，等．宋史·列传：第60．卷三百一十．中华书局：1978:100004。
❹ 胡传志．北宋治理芍陂考．徐州工程学院学报．2014(3):74。
❺ ［北宋］宋祁．乞开治渒河／景文集：卷28．文渊阁四库全书本。

富足的生活，因此写下"桐乡账廪得周旋，芍水修陂道路传。目想偻功追往事，心知为政自当年。鲂鱼鲅鲅归城市，粳稻纷纷载酒船。楚相祠堂仍好在，胜游思为子留篇"的诗句。宋熙宁九年（1076年）正月，"刘瑾言：'……寿州安丰县芍陂等，可兴置，欲令逐路转运司选官覆按。'从之。"❶但具体是否实施，无据可考。南宋末年，寿州成为南宋的边境地带，故道逐渐被湮没。北宋时期一度兴旺起来的芍陂，又濒于湮废。

这一时期，芍陂最具有突破性的发展是赵轨开三十六水门。三十六水门的开建，自然扩大了水渠长度和灌溉面积，灌田五千余顷，至唐代，芍陂的灌溉面积较之前代更有所恢复，有灌田万顷的记录。三十六门一直延续到清代，后来又演变为二十八门，时至今日，芍陂的一些水门都是在古代三十六门基础上整修或者重建的，可见赵轨开三十六门的重要性。

❶ ［元］脱脱，阿鲁图，等．宋史·志第四十九．中华书局：1978：2381。

◎ 第三节 占垦背景下的艰难发展

　　元代曾经在芍陂屯田，元至元二十一年（1284年）二月，"江淮行省言：'安丰之芍陂，可溉田万余顷，乞置三万人立屯。'中书省议：'发军士二千人，姑试行之。后屯户一万四千八百名。'"**❶** 至元二十三年（1286年），正式设立芍陂屯田万户府，次年收谷20余万斛。元末，寿县一带农民起义遍起，芍陂工程失修，蓄水量减少，干旱严重，农作物大量减产。

　　明代以后，芍陂占垦现象日益严重。明永乐十二年（1414年），户部尚书邝埜征集民工修整了芍陂十六座水门，以及牛角坝、新仓铺等多处塌岸和堤岸。永乐以后，芍陂屡有兴废，到明中期豪强权势霸占蚕食陂田的现象已经十分严重。明成化十九年（1483年），监察御史魏璋发官银一千余两修治芍陂。明成化年间，奸民董元等开始占据芍陂贤姑墩以北至双门铺塘之间的土地，三十里的土地，尽被占完。明嘉靖年间，知州栗永禄以退沟为界，禁止占田。但到明隆庆年间，彭邦等人又占据了退沟以北至沙涧铺塘之中的土地，这时知州甘来学又重新划定新沟为界，此时芍陂已被侵占过半。明万历中叶，顽民四十余家又占据了新沟以北的田地为私家田庐。此时，芍陂"种而田者十之七，塘而水

---

❶ ［明］宋濂，王祎．元史·志第八十六·兵三·屯田．中华书局，1978：2567。

者十之三"。❶ 明万历十年（1582年），黄克缵任寿州知州，他驱逐占垦户四十余户，将所开百余顷田地恢复为水区❷，并且立东、西界石志之。黄克缵此举虽然没能恢复"孙公之全塘"，但是却煞住了占塘之风，使"百里"之塘，得留"半壁"。

清顺治十年（1653年），兵宪沈秉公和寿州知州李大升捐出官俸，挑塘一百四十余丈，疏通河流，补修堤岸，筑新仓、枣子门二口，复浚中心沟，修理减水闸。此次修治后四十余年，芍陂又大坏，"塘不注水，鞠为茅草"，当时有豪恶八人，澄请开垦芍塘，抚台已准，环陂塘民急呈《请止开垦公呈》，讲清利害，才有效阻止了这次荒唐的行为。清康熙三十年（1691年），颜伯珣任寿州司马，此时，芍陂"闸堤堰瞭，且近灌溉之利亡焉"。❸ 遂以复兴芍陂为己任，先后七年，殚精竭虑治理芍陂。清雍正九年（1731年），寿县知州饶荷禧集合环塘士民的建议，创建了众兴滚水坝，修建了凤凰、皂口两闸。为了修治芍陂，陂下百姓按亩输银一千余两，可惜工程还未完工，又遭大水冲决。清乾隆时期芍陂又历经多次修治，但往往多被冲决和霸占。

明、清时期的芍陂发展，主要是占垦与

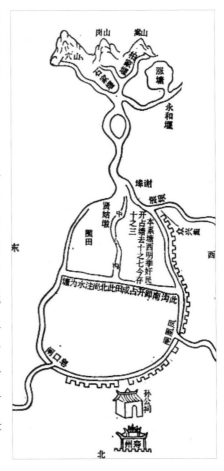

▲ 清代石刻塘图中注明了占塘垦田的情况（引自孙公祠拓片）

---

❶❷❸ ［清］夏尚忠：芍陂纪事. 中国水科院水利史所馆藏，清光绪三年刊印。

反占垦之间的斗争过程。芍陂逐渐被淤塞是必然现象：一是由于芍陂上游水土流失。由于大量垦殖，植被遭到破坏，一旦暴雨山洪暴发，洪水携带大量泥沙淤塞河床，阻塞引水渠。山水入塘后，过量的泥沙渐渐淤积垫高塘身。二是由于黄河夺淮也加速了芍陂的淤塞。黄河660多年的夺淮给淮河流域造成了深重的灾难。黄河由颍、涡入淮，对寿州一带影响更大，淠水、肥水不能下泄，芍陂泄水沟道被淤，上游供水长期停蓄塘内，泥沙全沉塘底，势必加快了芍陂的淤塞。三是由于上游拦坝筑水。由于芍陂塘身逐渐淤高，上游来水水量逐渐减少，上游的六安豪强筑坝拦水，水源得不到保证，致使塘底出露，为周围豪强垦占塘面创造了有利条件。一面是不断被占垦，一面是积极反占垦，在这一过程中，催生了民间广泛参与芍陂管理的管理制度。但是由于芍陂上游的水源不能保证、引水渠得不到有效的疏浚，占垦问题势必不能得到根本解决。

清末至民国初年，政局动荡，战火连年，芍陂多年失修，淠源河淤塞，山源河水量减少，上游又屡有人筑堰拦水，安丰塘（清以后芍陂多称安丰塘）几近完全失效。民国二十三年（1934年），安徽省水利工程处编制了《寿县安丰塘引淠工程计划书》，但因导淮委员会对工程计划提出修正而停止。民国二十四年（1935年）5月，导淮委员会编制了《安徽寿县安丰塘灌溉工程计划书》，并于民国二十五年（1936年）、二十六年（1937年）先后开始疏浚淠源河、培修塘堤、修建淠源河进水涵工程，民国二十六年（1937年）因日军侵略而停工，这次工程虽未全部完成，但却在一定程度上修复了芍陂，

灌溉面积由民国初年的六七万亩增至 20 万亩。民
国三十四年（1945 年），安徽省水利工程处提出了
《查勘寿县安丰塘情形及意见报告书》，提出了开源、
节流、整修闸坝，增加灌溉面积至百万亩的意见，
但因抗日战争时期财力、物力、人力等受到限制，
工程计划未能实施。直至 1958 年以后，安丰塘作
为淠史杭灌区的一个反调节水库，才逐渐恢复新生。

　　纵观芍陂 2600 余年的兴废，其每次维修整治
都与官方的政治需求密切相关，欲求政治安定，必
先保障经济；欲求发展经济，水利是基本保障。这
也从一个侧面反映了水利工程对政治经济发展的重
要作用，印证了古代中国倡导"善治国者必先治水"
的道理。

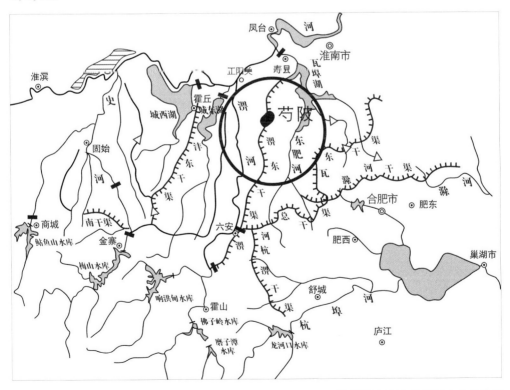

▲ 芍陂所在淠史杭灌区水系示意图

◎ 第四节 延续至今的科学灌溉体系

芍陂灌溉工程体系主要由蓄水工程、环塘水门、灌排渠系及配套设施、防洪工程四大部分组成。

蓄水工程即是储蓄水的陂塘，最初时芍陂周长有60千米，后来随着明清时期人们大量围垦陂塘作为耕地，陂塘越来越小，现在基本保留的是19世纪工程格局和运行方式。陂塘的周边有围堤，芍陂初建的时候，利用南高北低的地形，因此元代以前南部并没有堤，只有西部、北部有堤。现状芍陂陂堤长26千米，面积34千米²，最大库容9070万米³。

芍陂的水源历史上包括两部分：一是山源河，二是淠源河。山源河即发源于南部大别山脉的山溪水，汇合流入芍陂；淠源河则是自淠河引水入芍陂的人工渠道。20世纪50年代，芍陂纳入淠史杭灌区之后，淠东干渠成为芍陂主要水源。

环塘水门是芍陂主要控制性工程。控制工程是指在陂塘周边通过这些水门启闭的开关，来调控陂塘水量，为灌渠配水和排洪。历史上水门数量也随芍陂范围和灌溉需要不断变化，

▲ 芍陂陂堤

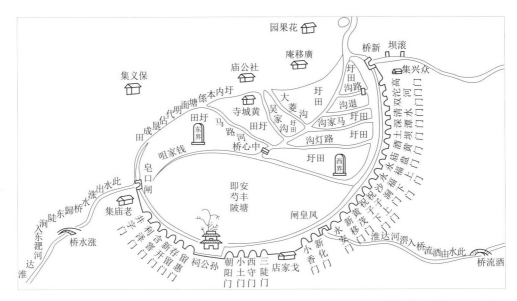

▲ 清代芍陂水门图（根据清代夏尚忠《芍陂纪事》改绘）

芍陂初建时，只有 5 个水门，隋代时扩建为 36 门，到清代缩减为 28 门，目前环塘共 21 座，大部分还保留着历史上的名称。

　　1959 年曾在芍陂东北越水坝处发掘的汉代堰坝工程遗址，是一座层草层土叠筑而成的坝，在生土层上以砂礓石填筑基础后，逐层叠筑至顶。在草土混合层中，还有一排排整齐有序的栗树木桩，桩尖穿过礓石层深入生土层内。木桩可保证堰坝的整体稳定性。层草为顺水流方向散放，厚度基本相同。层土的泥质非常纯净，毫不含沙，灰黑色，黏性很大，似是经过人工淘洗过的，非常坚实。坝下有用以消能的水潭（消力池），以圆木铺底，两侧用木桩密排做成挡土墙，尾部设置有高 40 厘米的木质消力槛。水潭前方约 50 米处设一道叠梁木坝，系用大型栗树木材斜纵、斜横层层错叠筑成。木坝下也设有消力的池、槛。这座堰坝可能是蓄泄兼顾、以蓄为主的水利工程。水少时，可以通过堰坝的草层使很少的水徐徐流到水潭内，使之有节制地流到田间；水多时，可以凭借草土混合坝的弹性和木桩的阻力，使水越过堰坝顶部，顺坝泄到水潭内，消能后再从木坝上流下入消力池，再一次消能后从水沟泄走。可见早期芍陂泄水口门的构筑，不是修筑闸门，而是修筑堰坝。

芍陂灌区还分布着大大小小的渠道，将陂塘里的水源源不断地输入各级农田，保证灌溉的需要，现共有干渠2条、支渠54条、斗渠151条、灌溉农渠298条，总长678.3千米。

渠道上建有分水闸、节制闸、退水闸等配套工程数百座，这些水闸承担着分水、节制水流、退水等功能，保障了灌区灌溉和排涝的需求。防洪一直是芍陂的重要问题，芍陂初建时五座水门中的井门、羊头溪门就是专为泄洪而设；明清时期的凤凰闸、皂口闸、众兴滚坝都是泄洪设施。目前众兴闸和老庙泄水闸是芍陂防洪的两道重要防线。完善的灌溉工程设施保障了芍陂灌区旱涝无虞，目前直接灌溉面积67万余亩，灌区共13个乡（镇）、114个行政村、60多万人受益。

◎ 第五节 泽被后世，利在千秋

芍陂选址科学、设计巧妙、布局合理。芍陂巧妙地利用南高北低的地形和当地水源条件布置陂塘，体现了尊重自然、顺应自然、融入自然的建造理念。

工程体系完备。芍陂由塘堤、口门、引水渠和排水沟等工程设施组成，可储蓄水、调节水和引排水，由此构成一个较为完整的工程体系。

闸坝水门蓄泄兼顾。芍陂最初的 5 座水门至后来 36 座水门的布局，都与芍陂的地形有关，利用地形的倾斜特征，便于排灌。

综合利用水资源。芍陂巨大的库容，能潴蓄大量的水资源，其发挥的作用是多方面的。一是具有明显的灌溉作用。二是供寿春城市用水水源。三是调剂运道水量。古代肥水水浅时，陂水通过井门、芍陂渎入肥水，使肥水保持一定的水位，利于通航。肥水运道能够通畅，是在水量不足时，依靠芍陂"更相通注"，给予调剂水量。四是滞蓄山洪。江淮地区夏秋多暴雨，芍陂巨大的库容能滞蓄当地的山洪，减少农田被淹的灾害。

芍陂管理制度合理、周密。芍陂自西汉以来就开始由官办、官管，到清代形成了在政府主持下、民间力量多方参与的管理系统。公元前 2 世纪的汉武帝时期，在这里设立了专门管理芍陂的陂官。考古还挖掘出了东汉时期都水官的铁权，象征着地

▲ 汉代都水官铁权

97

▲ 孙公祠

▲ 禁示碑

方政府行使芍陂管理的权威。东汉王朝著名的水利家王景治理芍陂，制定了岁修制度，并立碑公告。三国时期这里已有完备的岁修制度，清代芍陂的用水、岁修及经费管理制度更是进一步完善，灌区用水户订立的《新议条约》，是维护基层灌溉秩序的乡规民约。从西汉的陂官到东汉的都水官，再到官府扶持下的董事、塘长、门夫组成的陂塘管理机构，体现了芍陂管理体系的逐步完善和健全，从用水制度、岁修制度到劳动力征集、经费管理等方面都有具体的规定。

孙公祠是芍陂最重要的水神崇拜建筑，是为纪念芍陂创建者孙叔敖而建，孙叔敖以及历代治陂者成为后世民众祭祀的对象，并由此衍生了众多的神话传说。孙叔敖创建芍陂，造福千秋万代，后世人民感恩其功劳，更是将其神化，放在主祭的位置，东配明代寿州知州黄克缵"木主"，西配清代寿州州同颜伯珣"木主"。东西庑配汉代至清代致力于芍陂兴利除害的官宦48名。每年春秋两季，人们都要在孙公祠举行祭祀仪式，以感念先辈的恩德，祈求风调雨顺。孙公祠还是环塘人民参与塘务、聚集议事的场所，这是环塘人民参与芍陂管理的主要途径。此外，孙公祠还保留着历史上遗留下来的碑刻近20方，记载了芍陂的发展历程，具有重要的史学研究价值。

根据《芍陂纪事》记载，古时芍陂有众多古迹，除有文运河、白芍亭、丰庆亭、环漪亭等自然景观外，还有江北水利第一坊、英王墓、邓公庙、舒公祠、安丰书院等人文景观。芍陂还有古代八景之说：五里迷雾、老庙木塔、沙涧荷露、洪井晚霞、凤凰观日出、皂口看夕阳、石马望古塘、利泽赏明月，都是芍陂特有的优美景观。芍陂这种利用自然地形构筑陂塘实现了灌溉和蓄泄作用，并和周围的自然人文景观相互映衬，具有重要的生态景观价值。

▲ 芍陂景观（林伟 摄）

芍陂历史灌溉面积最多曾达万顷，2600多年来，芍陂为促进淮河南部区域农业经济发展发挥了重要作用。目前，芍陂为灌区粮食及其他农作物丰收提供了稳定的水资源保障，芍陂自淠东干渠平均年引水量 2.6 亿米^3，灌溉面积 67 万余亩，覆盖 13 个乡镇 114 个村，受益农民达 59.86 万人。灌区内农作物品种多样，以小麦、水稻、豆薯、棉花、油菜、蔬菜、瓜类、席草等作物为主。据统计，芍陂灌区常年粮食产量达 113 万吨，其中小麦 45 万吨，稻谷 67 万吨。灌区成为我国中部重要的产粮区，寿县粮食年产量占全国的 1/300，其中大部分来自芍陂灌区，寿县是国家首批商品粮基地县之一，被国家确定为水稻、小麦优势产区，6 次获得"全国粮食生产先进县"称号。

芍陂水质较好，水草丰茂，适合鱼类生长，生态养殖与观光农业也成为灌区农业发展的重要方向。芍陂灌区的优质特色水产养殖业成为拉动当地经济发展的主要产业。银鱼是寿县名贵鱼种之一，营养价值高，主要产于瓦埠湖。寿县原不出产银鱼，1978年抗旱时，抽引淮河及瓦埠湖水进安丰塘，瓦埠湖银鱼被抽进安丰塘。从此，银鱼在安丰塘内繁衍生长。寿县的河虾属瓦虾品种。由于塘内水质好，河虾体型大。虾干无杂质，无泥沙，质量好，年产量约7500千克。目前，寿州水产品总产量、渔业总产值和农民人均渔业纯收入，居安徽省前列，连续5年荣获水产大县称号。全县实施养殖面积38万亩，其中精养鱼塘面积达11.3万亩，居全省第一。全年完成水产品总产量10.5万吨。

芍陂是中国中部典型的陂塘型蓄水灌溉工程，更是中国古代重视水利、发展农业的历史见证。芍陂建成后，带动了淮河中游区域水利的兴起，自2世纪以来，淮河中游因优越的灌溉条件而成为当时中国的粮仓。芍陂所在地安徽寿县，自春秋末年成为楚国都城长达300年。此后，西汉至魏晋南北朝约600年间，富庶的淮河中游平原成为各代割据政权竞相争夺的区域。芍陂工程体系反映出古代蓄水工程因地制宜的规划智慧，通过工程合理布局，在增加蓄水量的同时，为农业生产提供尽可能多的耕地，达成了区域人水关系的和谐。在中国传统农业社会中具有重要影响，在区域发展史中具有里程碑意义。芍陂灌溉工程体系和管理制度，是水利工程可持续利用的经典范例。

第七章

拒咸蓄淡润一方⋯⋯它山堰

▲ 全国重点文化保护单位
它山堰标示牌

宁波它山堰（简称"它山堰"）位于浙江省宁波市鄞州区，奉化江支流鄞江上，是具有1100余年历史的有坝引水灌溉工程，至今仍发挥着灌溉、阻咸、供水、泄洪等功能。

它山堰位于鄞西平原西南端海拔最高处，鄞江出山口位置，是中国东南沿海典型的拒咸蓄淡灌溉工程。它山堰始建于唐代，至今沿用1100余年，历经修缮，仍基本保留历史时期的工程体系，它山堰现灌溉面积20多万亩，受益范围遍及鄞西平原7个乡镇、159个村庄。1988年1月，经国务院批准，它山堰被列入全国重点文物保护单位，并于2015年入选第二批世界灌溉工程遗产。

◎ 第一节 拒咸蓄淡，因山得名

唐太和七年（833年），时任地方官王元暐主持在它山下鄞江上筑堰，拒咸蓄淡，并开南塘河引水灌溉鄞西平原七乡农田，因山得名"它山堰"。为保证灌渠防洪安全，又建乌金、积渎、行春三碶，汛期排泄多余洪水进入鄞江和奉化江。

灌溉余水引入当时明州（宁波）城内的日、月两湖，塑造了城市水系景观。它山堰建成之后，整个鄞西平原不再受咸潮侵袭，数千顷农田旱涝无虞，整个区域水环境得到极大改善，社会经济快速发展，人口快速增加、商业发展。至唐天祐年间（904—907 年），宁波城区的范围由之前的"周围四百三十丈"扩大到"周围二千五百二十丈"，它山堰居功至伟。

宋代在唐代工程基础上，对堰体进行加固，并在渠首增建迴沙闸、洪水湾塘，干渠上增建了风棚碶。这一时期，渠首泥沙淤积问题突出，还设立了专门的疏浚机构。

明嘉靖十五年（1536 年），县令沈继美，用石板置立堰口，即现存堰上游面的竖立挡水石板，用作加固堰体，防渗制漏。为保护堰面石板，外面用方石柱加固，并加高堰顶一尺，疏浚迴沙闸，使沙不复壅，水入河稍增，民更称便。清咸丰七年（1857 年），巡道段光清捐资重修。

明嘉靖三年（1524 年），于渠首下游南塘河上建官塘，又名官池塘，是曲尺形砌石结构，左岸连接光溪桥，兼有挡水、交通、节制等功能。清康熙十年（1671 年）县令朱士杰修南塘河上狗颈塘，与洋河、沈公二石塘连接。新中国成立后经多次维修加固，塘河、奉化江两岸用大条石干砌护塘。到清代后期，它山堰灌溉工程体系已有九碶、五堰、十三塘之说。

民国三年（1914 年），鄞耆绅张传保在堰上清理淤沙，以通水道。民国十年（1921 年）重修官塘。

1949年后多次疏浚堰上溪流。1965年冬至1966年春，整溪导流，疏拓溪床，砌石护岸，重建分水龙舌。1986年冬至1987年春，重拓它山堰上游行洪河道，平均挖深1米。两岸砌石固岸，清除过水路面，兴建行洪大桥。修筑光溪两岸防洪堤，整修堰上护堰防渗石板，堰下防冲护坦，提高引流排洪能力。1970年以后，因官塘被拆，上下游设障等原因，为提高泄洪能力，1988年改塘为闸，建成洪水湾排洪闸，以提高排泄能力。1993—1995年对它山堰作保护性整治，整治重点是下游防冲，上游防渗。这次修治是它山堰建成后，在历代整修中工程最浩大、投入最多的一次。

◎ 第二节　引蓄防洪航运综合水利工程

它山堰灌溉工程体系由渠首工程、渠系工程、湖塘组成。渠首位于四明山鄞江出山口，鄞江镇西侧，地处鄞西平原西南端海拔最高处，距宁波市区约22千米。它山堰截鄞江水入干渠南唐河，南塘河上接樟溪，自它山堰分洪口至洪水湾节制堰段称光溪，向东北经定山桥、洞桥、横涨桥、栎社、石碶、段塘，自南水门三市入宁波市区与护城河交汇。

它山堰渠首枢纽由拦河堰、迴沙闸、官池塘和洪水湾塘等组成，是具有蓄水、溢洪、引水灌溉、冲砂、通航等功能的综合性水利枢纽。

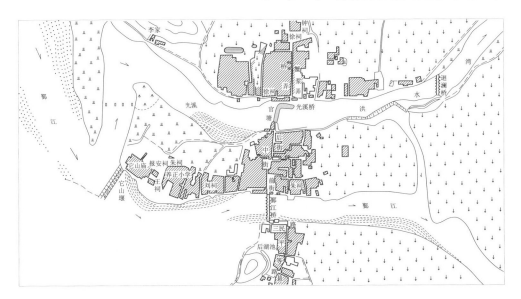

▲ 它山堰渠首枢纽分布
示意图（明、清时期）

拦河堰（它山堰坝体）始建于唐代，历代重修。
其中，宋、明时期因堰上沙淤先后加高3次，总加
高0.75米。现堰全长113.6米，堰顶宽3.2米，
第二级宽4.8米，总高5.0米。堰体加高时，向
上游位移1.6米，下游压在原堰体上，上游在堰前
砂卵石上，为防不均匀沉降，打下短桩，并用黄泥
三合土防漏。拦河堰是一座由大块石叠砌的拦河滚
水坝，该砌石堰体最大厚度为4.0米，一般厚度为
2.3～2.8米，堰底直接砌于基岩之上，其厚度仅
为1.8～2.0米，形成中间较厚向两
岸逐渐变薄的断面。堰体砌筑所用石
块为长2～3米的条石，堰顶可以溢
流。堰截江河为二，堰上之水，平时
七分入河，三分入江，洪水时七分入
江，三分入河，以灌溉功能为主，兼
具阻咸、蓄淡、引水、城市供水、排
洪等功能。

▲ 它山堰拦河堰

迴沙闸始建于宋代。宋淳祐二年（1242年）郡守陈恺为防内港淤积而建，三孔。今存石柱四根，柱高2.8米，闸门槽宽11厘米，闸中孔孔距3.5米，二边孔孔距均为3.02米，西首第三根石柱刻"测水尺"三字，字旁镌有尺寸，一尺约合金制27厘米，应是检测水位高程之用。第三根石柱刻有"迴沙闸"三字。

官池塘是指距它山堰以下里许处的一弧形石塘，名曰官塘，俗称官池墩。其左为光溪桥，塘长南北走向80米左右，东西走向20多米，宽3.5米，用条石砌筑。其塘高于它山堰约20厘米。官塘建于明嘉靖三年（1524年），民国十年（1921年）重修。小水出光溪桥，洪水时漫塘而过，其作用有四：一是壅高官塘上游水位，提高它山堰排洪能力；二是能阻沙入港以免淤塞南塘河、小溪港；三是将主流迫向左岸，利于小溪港引水；四是沟通南北交通。于20世纪80年代毁坏，现河堤仍可见工程基础。

光溪桥亦名许家桥，为石砌单孔拱桥，建于明嘉靖三年（1524年），清嘉庆三年（1798年）重修，清光绪二十八年（1902年）大修，现桥长35.95米，宽约4.5米，桥孔跨度12米，高7.8米。北埠踏埭25级，南埠踏埭28级，桥孔两边上端有石匾额，东匾书"光溪桥"，西匾书"四明首镇"，两侧有长条柱联，桥东为"曲堤枕大江近接万家烟火；虹桥联古道遥通百里舟车"，桥西为"石

▲ 迴沙闸

▲ 官池塘

▲ 光溪桥

驾龙门雄抱苍山重翠，环溪分月影长涵蕙水文澜"。

▲ 洪水湾塘遗址

"洪水湾塘位于鄞江镇东首，去堰二里许，外泄江潮，内攻塘，为阻隔江河之控制性工程。修塘之前，此处曾有碶闸，屡经洪水，恐会垮塌，因此宜筑堤岸，防备未然。南宋淳祐三年（1243年）秋，连经大风水，冲坏江堤，溪流走泄。魏岘闻于府黄大卿，并委筑治，于八月二十八日至九月，堤高二丈，阔一丈二尺、长十二丈。南宋宝祐中（1255年左右），知府吴潜就其地置三坝，一濒江、一濒河、一介其中，后中外二坝垫于江中，只存濒河一坝，即洪水湾塘。"（引自《鄞县通志》）清乾隆四十一年（1776年）、清咸丰七年（1857年）、民国十三年（1924年）重修增筑。旧塘长105.6米，1924年重修后长320米，高4.16米，为一条坚固石塘。洪水湾塘为阻咸蓄淡、行洪排泄工程，它山堰泄洪后之余水，在此再分洪一次。20世纪70年代以后，因官塘被拆，上下游设障等原因，为提高泄洪能力，1988年改塘为闸，建成洪水湾排洪闸，以提高排泄能力。现仅保存一段残塘，供后人凭吊。

它山堰有完善的渠系配套工程，渠系分干渠、支渠、毛渠及田间渠道。引水干渠由三道组成，分别是南塘河、中塘河和西塘河。其中南塘河为主干渠，中塘河和西塘河为分干渠。通过三条干渠联系起鄞西平原内20余条支渠，灌溉区内20余万亩良田。

▲ 干渠南塘河（鄞江镇光溪桥段）

▲ 干渠中塘河（卖面桥段）

▲ 干渠西塘河（高桥镇段）

干渠南塘河又称前塘河、甬水。民国《鄞县通志》书南塘河始于光溪桥。1988年官塘拆除后，洪水湾排洪闸下起始称南塘河。向东北经定山桥、洞桥、横涨桥、栎社、石碶、段塘，自南水门三市入宁波市区交护城河。全长24.5千米，均宽33.1米，河底高程-0.17米，河面积0.81千米^2。南塘河与鄞江、奉化江平行，局部地段仅有丘壑之隔，沿途设置较多碶、闸、涵，向奉化江排水、纳淡，是引樟溪之水入鄞西河网和甬城的主要供水河渠之一，也是行洪、排涝、蓄水、灌溉、航运的骨干河渠。

干渠中塘河自林村向东，经凤林（交凤岙市河）、横街头（交湖泊河），至解放桥（崔家桥）折东北，经姚家、集士港（交西洋港、集士港）、祝家桥（交风棚碶河）、卖面桥、望春桥汇源桥交西塘河。渠长12千米，均宽24.7米，河底高程0.29～-0.88米，河面积0.3千米^2。横贯鄞西平原中部，具有引水、蓄水、灌溉、航运等功能；亦是引水入宁波市区的主要河渠之一。

干渠西塘河又称后塘河。自石塘六和桥向东南，经高桥（交集士港河）、望春桥（交中塘河），至宁波市区西门口。总长13.18千米，阔处46.3米，狭处21.6米，平均宽32米，平均深3.12米，河面积0.42千米^2。沿途多向北连通碶闸、翻水站河渠，向姚江排水、翻水。是鄞西平原引水、灌溉、行洪、排水、航运主要河渠之一。

为了保障它山堰灌溉工程体系的有序运转，在干渠南塘河沿线修建了一系列阻咸、防洪、排涝设施。其中包括唐代王元暐所建的乌金碶、积渎碶、行春碶三碶，宋代修建的风棚碶和唐家堰碶；明代修建的沈公塘，清代修建的狗颈碶，以及兰浦碶、章家碶和杨睦坝等修建年代不可考的碶闸堰坝。

乌金碶位于洞桥镇上水碶村。唐王元玮置堰后，虑及暴雨时泄流不足，又在下游续建三碶以启闭蓄泄，乌金碶为其一，又称上水碶，距它山堰7千米左右，宋元祐六年（1091年）重建，宋嘉定十四年（1221年）又修，民国三十七年（1948年）大修，实测碶长14.9米，宽2.75米，5孔，钢筋混凝土闸门，螺杆式启闭装置。2001年在原碶旁新建上水碶新桥。碶斜对面有乌金庙，面阔3间。

积渎碶位于石碶街道下水碶村。初置于唐代，为王元玮所置三碶之一，历代重修，又名下水碶，距它山堰9千米许，宋嘉定十七年（1224年）重修，民国十三年（1924年）又修，民国三十七年（1948年）大修，碶桥栏板上刻"积渎碶"。碶长14.4米，宽2.15米。由于水路改道及道路建设等原因，碶所在河道现已被填，原有功能已经丧失。

行春碶位于石碶街道石碶村行春碶路1号民居前。初置于唐代，为王元玮所置三碶之一，又名石碶。行春碶距它山堰约18千米。明洪武三十七年（1404年）重修，

▲ 乌金碶

▲ 残存的积渎碶桥栏板

▲ 改造后的行春碶

▲ 风棚碶遗址

▲ 狗颈塘

清乾隆三十五年（1770年）、清道光二十八年（1848年）、民国十三年（1924年），多次维修。1962年重建，2005年易地重建，新址位于下游265米处。现原碶已废止，碶脚改为桥基，原址仅存部分栏杆和遗址碑记。

风棚碶位于石碶街道北渡村西南侧。北宋熙宁八年（1075年）鄞令虞大宁修建，大观年间改筑为塘。清道光元年（1821年）巡道陈中孚、县令郭淳章重建，清道光三年（1823年）完竣，清道光十四年（1834年）邑绅张景豪重修，清道光二十八年（1848年）署守徐敬、邑绅张恕、朱德章等捐资大修，民国二十一年（1932年）县长陈宝麟、区长董开纾组织修葺。1971年易地重建，原碶址仅存部分石柱。新碶三孔，钢筋混凝土闸门，螺杆式启闭装置。桥面改为钢筋混凝土，上建一层管理用房，闸岸大部分已改，尚存局部石砌作法。实测新碶长15.3米，宽2.4米。南有毓英禅寺和为祭祀虞大宇而建的新棚庙。

狗颈塘位于石碶街道北渡村附近。东濒奉化江，西临南塘河，是二水间的夹塘。因其形似狗颈而名，亦名"九径塘""永镇塘"。长416米，宽10.24米。清康熙十年（1671年）县令朱士杰兴建，与洋河、沈公二塘连接。十六年（1677年）郡守李煦、县令江源泽重修。清乾隆三十五年（1776年）知县高大泽又修。清嘉庆十一年（1806年）

知县周镐大加修葺，更名"永镇"。清道
光二十八年（1848年）士绅张恕等捐资重
修，互筑泥垅八十余丈、深八尺余、阔八
尺。复于新老塘相接处、老塘冲坍处加阔
八九尺至三丈。1958年维修并加固增高，
现存部分遗迹，长约784米，用条石堆砌，
用榫扣接，路面条石长约2米，宽0.5米。

▲ 改造后的兰浦碶

兰浦碶位于洞桥镇洞桥村，又名拦浦
堰。始建年代待考，元《至正续志》曾有记载，
另据《鄞县通志》记载，曾于清咸丰七年
（1857年）修，民国十三年（1924年）又修。
1955年改堰为碶，后又新建碶闸及启闭装
置，并在原有桥墩基础上外延0.75米，桥
面加宽近1米。现堰两侧河岸已被更换材料

▲ 章家碶

维修，堰下部保存完好，上部已被换为钢筋混凝土桥，
栏板上"兰浦堰"题字尚在。实测碶桥长10.4米，
宽2.95米，单孔，钢筋混凝土平板闸门，螺杆式启
闭装置。

章家碶位于洞桥镇蕙江村西邻百梁桥，原称为
章家堰。据《鄞县通志》记载，始建年代不详，用
乱石叠成，清咸丰七年（1857年）重修。20世纪
50年代中改堰为碶，现碶仍在使用，碶体上部已
被改为钢筋混凝土桥，且局部被周边新建筑物包围，
碶两侧河岸大部已重砌、改砌，题字尚存，下部堰
闸仍可见，碶下两侧石嵌保存较完整，但年代不详，
北侧新建钢铸桥栏。实测碶长7.6米，宽3.5米。

唐家堰碶位于洞桥镇唐家堰村，始建于宋代。另
据《鄞县通志》记载，清咸丰七年（1857年）重修，
1967年改堰为碶，加修桥梁，单闸，1996年鄞江引水工

▲ 唐家堰碶

▲ 杨睦坝遗址

▲ 沈公塘遗址

▲ 平字水则碑

程建成后，此闸不再使用，堰体下部深入水中，上部已被改为钢筋混凝土桥面，河岸重砌，闸已佚，题字尚存，周边有加建。实测唐家堰碶长4.73米，宽7米。

杨睦坝位于鄞州区石碶街道横涨村，《鄞县水利志》载旧名为杨木堰，清光绪末（1907年），停闭，民国十五年（1926年）由滕夏林、张丕俊、张宗莲、张拜俊等重开，名杨睦坝，过船沟通内河与奉化江水道，原为人工绞盘升船，后鄞江水利会改为电动卷扬机牵引坝，于1989年废。上部全部损失，水下尚存局部，但情况不明。原长21米，宽2.3米，实测长17米、宽3.3米。

沈公塘位于石碶街道北渡村附近。清万历年间鄞令沈犹龙率众所筑。

鄞县背山面海，海潮上溯时，溪水皆咸，无法灌溉和饮用。南宋后期开始在汇注江河的各支流上建闸，平时闭闸隔绝咸水上溯，并蓄积淡水以供使用，河流涨水时则开闸泄洪，因此，闸门启闭直接关系到鄞江流域中居民的生产和生活。为了有效节制蓄泄灌区内的洪水。宋开庆元年（1259年）吴潜在鄞县城内（今宁波市）平桥建平字水则碑，以确定南塘河沿线碶闸的启闭。

平字水则碑，即在碑上刻一"平"字，视水面处于"平"字的部位。据以启闭沿江各闸。吴潜确定平字水则碑的高程是经过一番实际调查的。他在《平桥水则记》中说到这一经过："余三年积劳于诸碶，

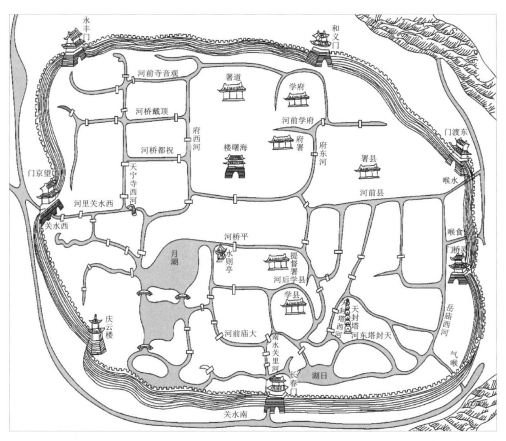

▲ 鄞县（宁波）城市河系与水则碑（引自《鄞县通志》）

至洪水湾一役大略尽矣。已未，劝农翠山，自林村，由西门泛舟以归。暇日，又自月湖沿竹洲舣城南启遍度水势，其平于田塍下者，刻篙志之，归而验诸平桥下。伐石为准，榜曰水则。"鄞县四明山水系主要有西面的中塘河和西南的南塘河，二河从西、南水门入城，因此，为满足由城中河道水位控制西塘河和南塘河水位的要求，必须建立城中河道与上游二河的水位关系。当年吴潜的调查路线：一条是沿县西中塘河，自翠山、林村泛舟至城西；另一条是由竹洲出发查勘城南的南塘河一带，测量了各闸所在河段的水位与农田之间的高程关系，并同时测量当时的月湖平桥处的水位。即将城西、城南水位

小贴士

水则

水则，中国古代的水尺，又叫水志。最早的水则是李冰修建都江堰时所立三个石人，以水淹至石人身体某部位衡量水位高低和水量大小。北宋时，江河湖泊已普遍设立水则。"平"字水则碑，即在碑上刻一"平"字，诸楔闸视"平"出没为启闭，水没"平"字当泄，出"平"字当蓄，利用平水的原理达到体察灾情、民情，统一调度的目的，是我国城市古水利遗存中仅有的实例。

统一换算为平桥处的水位，并据以操作各闸的启闭。其水则标尺为一"平"字。水淹"平"字则开启水闸放水；"平"字出露则闭闸积蓄淡水。

它山堰灌区分布有众多湖塘，它们与渠系连通，调蓄灌溉用水，清代有"十三塘"之说，最为著名的调蓄工程当属日、月两湖。日、月两湖皆源于四明山，一自它山堰经仲夏堰入南门，一自大雷经广德湖入西门，潴为二湖。在城东南隅曰日湖，久湮仅如泽；独西隅存焉，曰月湖，又曰西湖。宋舒《西湖引水记》记述："唐贞观中（636年）令王君照 [所] 修也。……，明之为州，濒海枕江，水难蓄而善泄，岁小旱则池井皆竭。而是湖所以南引它山之水，为旱岁备。"

日、月两湖现位于宁波城区，是灌区尾水归纳之区，也是宁波城市供水的重要的人工调蓄工程。历史上两湖范围很大，宋代文献记载月湖"纵350丈，横40丈，周730丈有奇"；明代记载日湖"纵120丈，横20丈，周围250丈有奇。"目前日湖已经湮废，遗址在今海曙区境、延庆寺、莲桥街、天封塔一带。

月湖，又名西湖，位于今宁波市海曙区境，是城区重要调蓄工程和水利景观。南北长1千米，宽约130米，水面积0.157千米^2，蓄水量15万米^3。今已辟为月湖公园。大致位置：北靠迎凤街，西依偃月街、共青路，南傍长

▲ 月湖公园

春路，东南近三支街；东临镇明路。柳汀街东西向
横穿中部。三支街口有河渠穿过长春路连接护城河。

◎ 第三节 设计科学合理，综合效益显著

它山堰工程自建成以来，灌溉鄞西平原，地区
经济得以迅速发展，造福千载，泽及万世。从建成
至今日工程体系基本保持不变，不断地发挥着灌溉、
排涝、城市防洪和城市环境用水等作用，具有较高
的科技和历史文化价值。

它山堰选址科学合理。鄞江之水发源于四明山，
流经樟溪，河谷渐宽，至鄞江出山峡后，河谷宽度
为 1 千米左右。大溪之南沿流皆山，其北皆为平地，
至今堰址处主流趋近南岸，北有小山虎踞，高 10 余
米，两山相隔约 150 米，"两山夹流，铃锁两岸"，
它山之西以文港入溪，为七乡水道襟喉之地，选此
处为建堰地址甚为科学合理。

渠首拦河堰建成后，实现了引江蓄流，导水溉
田。为了保证灌区渠道的防洪安全，首先在渠首西
北处建迥沙闸，通过闸和水则的调控实现了初步的
沉沙、水量调控的作用。此后，为了进一步避免洪
水对灌区渠道的影响，在南塘河渠首以下鄞江镇东
修建了一个溢流堰：洪水湾塘。通过洪水湾塘的作
用可以进一步排泄汛期进入灌区的洪水，保障下游
安全。明代，减少渠道淤积提高南塘河支渠小溪港
引水保证率，又在洪水湾塘以上修建了官塘，通过

这一工程的运用，提高了官塘以上水位，加大拦河堰在汛期的排洪能力，同时蓄滞汛期洪水减少南塘河下游的淤积。此外，水位抬升后保证了南塘河支渠小溪港的引水。由此通过700余年的持续规划建设，保证了渠首工程持续运用。

它山堰工程体系规划合理，形成一套引泄完整，滞蓄可靠的灌区水利系统。它山堰建成后实现鄞江与南塘河等灌溉渠系江河分流，通过拦河坝、迴沙闸、官池塘和洪水湾塘等渠首工程体系的联合调度，实现平水时上游来水七分入河，三分入江。涝时七分入江，三分入河，保证下游的用水安全。同时，进一步保证下游渠系的防洪安全后，又加建乌金、积渎和行春三碶，涝可排鄞西河网多余之水，旱可利用潮汐顶拖，开闸蓄淡，补充鄞西灌溉水源。此后，又在下游接近奉化江之处修筑关键的狗颈塘、风棚碶等控制性工程，进一步保障灌溉渠系的安全。

目前仍在应用的最早的大型条石砌筑结构拦河堰，渠首工程结构设计科学合理，保证了工程1000余年的持续使用。

它山堰始建于唐代太和七年（833年），历史悠久，之后又不断得以完善，作为鄞西水利枢纽，历千余年而不衰，一直发挥着阻咸蓄淡、排洪、引灌的重要作用，对于鄞西地区人民的生产建设和社会经济发展意义重大。

它山堰建成后，经历代不断维修加固，增筑配套，工程日臻完善，形成一个以它山堰为主体，以各碶闸、塘为补充的完善的鄞西排洪灌溉水利系统，见证了历代人民水利建设方面的实践活动。区域配套设施的逐步建设和变迁是水利发展的重要佐证。

它山堰建成之后，可抗旱涝，阻隔海潮倒灌，改善水质；引入内河之水灌溉20余万亩良田，并为鄞西地区和宁波供水；抬高上游水位，曾有利于上游航运，为整个鄞江地区和宁波的繁荣做出了重大贡献。它山堰工程反映了鄞西水利建设的发展轨迹和历史脉络。

　　水在农耕时代具有十分重要的地位，为了祈祷风调雨顺，水神崇拜无论在官方还是民间都很盛行。在长期灌区治理过程中，涌现出不少杰出人物，如王元暐、虞大宁等。他们死后被立庙祭祀，当作水神供奉。通过长期的演变，这种对那些参与鄞西地区治水的地方官员、作出贡献的乡贤名人和英雄人物的祭祀，逐渐成为该区域特有的水文化。据《鄞县通志》记载，鄞西地区仅祭祀王元暐的庙宇就有18所之多。

▲ 它山庙前的善政灵德侯王公碑

　　为了纪念它山堰工程开工、竣工，以及农闲灌区工程修治，鄞西地区居民自发地在农历的"十月十""三月三""六月六"等日子举行大规模的庆祝性活动，这些活动延续至今。这些特殊日子成为灌区居民特有的灌溉节日，逐年延续，成为鄞江地区的历史文化符号。每年数万人参加这些灌溉节日活动，也为当地创造了可观的收入。

　　工程建成后，灌区由原来被洪水、咸潮侵袭之地变为旱涝无虞的农田。渠首工程及南塘河沿线控制工程修建后，奉化江上溯的咸潮无法进入鄞西平原内的河道水网。同时，雨季多余洪水通过南塘河沿线的碶闸排入鄞江和奉化江，使洪水不再冲毁农田。后续开挖的渠道将整个鄞西平原的水系很好地沟通在一起，从根本上改变了鄞西平原的水环境，为区域农业和社会经济发展奠定了基础。

通过它山堰工程，鄞西地区水系得到全面塑造，形成了以南塘河等渠系为骨干的鄞西地区河网系统。纵横的河网为当地塑造了良好的生态环境，形成了生动的水文化景观。南塘河进入宁波市区后，汇成日湖、月湖，既保证了水源，也为宁波城市增添了一道靓丽的风景，为宁波人民创造了一个优美、舒适的生活环境。

◎ 第四节 官民结合管理，延用千年

▲ 保护渠系"立永禁碑"
（鄞江镇晴江岸村）

它山堰灌溉工程自唐朝起，至今能够延用1100余年，效益不减，与历朝历代不断完善的管理制度和经营体系有关。它山堰的管理一直以来都是官方与民间结合的模式，主要是官方负责组织工程修建、维护，民间则负责具体的用水分配管理。历代的管理章程以"堰规"的形式，由地方政府颁布并刻在石碑上，供管理者和用水户共同遵守。

1949年以来，设置了它山堰管理机构，以适应生产发展需要。目前，针对它山堰工程主要有鄞江镇人民政府、鄞江水利管理站、它山堰文物保护管

理所等三家单位共同管理。民间层次，
灌区居民通过历史人物的宗教化来实
践基层民间的工程管理。它山堰建成之
后，灌区内修建大量纪念王元暐的宗教
建筑。据有关史料记载，祭祀王元暐的
祠庙除了它山遗德庙外，在鄞西地区其
他镇（乡）中，自唐宋至明清，先后建
了 18 处。在这近 20 处纪念王元暐的祠
庙中，论建筑规模、修建历史及影响范
围，当首推遗德庙。除了祭祀王元暐之
外，还有祭祀风棚碶建造者的祭祀建筑
风棚碶庙等。民间百姓通过定期在宗教
建筑内的聚会商讨基层渠系修缮与维
护，保证工程的永续利用。

▲ 它山遗德庙

▲ 它山遗德庙内供奉的民
间治水人物

▲ 祭祀风棚碶建造者的风
棚碶庙

第八章

提水灌溉的『活化石』：诸暨桔槔井灌

　　诸暨桔槔井灌工程（简称"诸暨桔槔井灌"）位于浙江省诸暨市赵家镇，地处会稽山走马岗主峰下的黄檀溪冲积小盆地，主要涉及泉畈、赵家两村，地下水资源丰富、埋深浅，自宋代以来，赵家镇先民在特有的自然环境下凿井架设桔槔提水灌溉，至今仍在使用这种方式，是中国古代桔槔井灌的"活化石"。2015年被列入第二批世界灌溉工程遗产。

◎ 第一节 遗产的由来：宋室南迁的历史缩影

　　诸暨桔槔井灌核心区位于诸暨市赵家镇泉畈村，距离诸暨市城区20千米。诸暨桔槔井灌属钱塘江支流浦阳江的二级支流黄檀溪流域。赵家镇地处诸暨东部会稽山脉与诸中盆地的过渡带，隶属丘陵地形。遗产区整体属于黄檀溪出山口的河谷盆地地貌，地势相对平缓，土壤层厚，适宜农业种植。会稽山余脉在此没入盆地，仅存部分残丘，风化剥蚀作用强烈，海拔较低，在30～60米之间。井灌遗产核心区位于泉畈村东，农田海拔为40～50米。遗产区属亚热带季风性气候，湿温多雨，四季分明。多年平均气温16.4℃，多年平均年降水量为1462毫米，降水量年际变化较大，年内分配不均匀，多年平均年蒸发量为800～1000毫米。区域土壤以砂壤土为主。地下水资源丰富、埋深浅，枯水期地下水埋深在1～3

▲ 桔槔提水

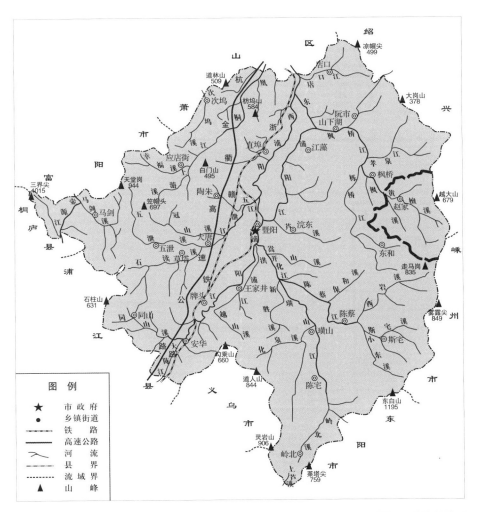

▲ 诸暨水系及井灌工程遗产位置示意图

米，雨季则在 1 米以内。区域内黄檀溪等山溪小河水流湍急，丰枯水位变幅极大，难以提供稳定的地表水资源。

诸暨历史悠久，曾是越国早期的都城所在。赵家镇总面积 96 千米²，辖 13 个行政村和 1 个居委会，总人口 3.25 万人，是全球重要的农业文化遗产、香榧国家级森林公园所在地。井灌工程遗产区所在的赵家、泉畈两村总人口 7700 多人，耕地面积 5331 亩。

▲ 古埃及人使用桔槔提水灌溉

▲ 《天工开物》中的桔槔提水图

桔槔是最古老的提水机械之一，早在公元前15世纪前就已在古巴比伦和古埃及等地广泛应用。我国在公元前4世纪已经用于提水灌溉，同时期的哲学著作《庄子》曾经记载桔槔汲取井水的工作原理："凿木为机，后重前轻，挈水若抽，数如泆汤，其名为槔"，称"有械于此，一日浸百畦，用力甚寡而见功多"。以桔槔作为提水机具的井灌工程是我国古代长江以北的北方平原地区常用的灌溉方式。

诸暨赵家镇的居民是12—14世纪时来自北方的移民。以何、赵两姓为主的家族在新的土地定居下来后，发现井灌更适应这里水稻灌溉的需要。据赵氏宗祠1809年的"兰台古社碑"记载，当时赵家镇的水稻主要依靠井水灌溉，在大旱之年，周边稻谷无收，而井灌区却依然丰收。

古代诸暨人把用桔槔提水的井灌，称作"拗井"。"拗"是指用桔槔提水的过程。据统计，20世纪30年代赵家镇有拗井8000多口，1985年有3633口，灌溉面积6600亩。在近30多年的城镇化进程中许多古井被填埋，数量剧减。赵家镇泉畈村是目前拗井保存最为集中的区域，核心区还有古井118眼，灌溉面积400亩。泉畈村的村民不仅仅是因为对先祖的崇敬而选择了对"拗井"的坚守，更是因为在山洪频发山谷区，拗井免于洪水冲毁威胁，且便于为一家一户提供随时的灌溉需求而被保留下来。

◎ 第二节 麻雀虽小，五脏俱全：简易而完备的工程体系

诸暨桔槔井灌工程体系主要由两部分组成：拦河堰，增加地下水补给量；田间井灌工程体系，包括古井、桔槔、渠系、堰坝、雨厂和农田等。此外，相关记载的碑刻、族谱等，也是灌溉工程遗产的组成部分。

一、拦河增渗堰

诸暨赵家、泉畈一带为黄檀溪冲积小盆地，四面环山，盆地土壤以砂壤土为主，加之区域降雨丰富，潜层地下水量大、埋深浅、回补快。这为凿井提水灌溉提供了客观条件。而由于黄檀溪是山溪型河流，洪枯水量变幅很大，不能提供稳定的灌溉水源。因此井灌就成为赵家、泉畈等村主要灌溉方式。为了增加干旱时地下水回补量，17世纪时还在黄檀溪上建永康堰1座，人为地增加地下水入渗补给。民国时期永康堰被洪水冲毁，1949年后在其上游又建堰1座，专为拦水增渗、增加掏井的可用水量。

▲ 黄檀溪上的拦河补渗堰（摄于1999年）

127

知识拓展

水循环

　　水循环是指地球上不同地域的水，通过吸收太阳的能量，改变状态到地球上另外一个地域。水循环是多环节的自然过程，全球性的水循环涉及蒸发、大气水分输送、地表水和地下水循环以及多种形式的水量贮蓄。降水、蒸发和径流是水循环过程的三个最主要环节。陆地上（或一个流域内）发生的水循环是降水—地表和地下径流—蒸发的复杂过程。陆地上的大气降水、地表径流及地下径流之间的交换又称"三水转化"。地下水的运动主要与分子力、热力、重力及空隙性质有关，其运动是多维的。水通过土壤和植被的蒸发、蒸腾向上运动成为大气水分；通过入渗向下运动可补给地下水；通过水平方向运动又可成为河湖水的一部分。据估计，全球总的循环水量约为 4961012 米^3/年，不到全球总储水量的 4%。在这些循环水中，约有 22.4% 成为陆地降水，这其中约 2/3 又从陆地蒸发掉了。但蒸发量总体小于降水量，这才形成了地面径流。

二、田间井灌工程体系

1. 井灌单元

赵家、泉畈一带俗称"丘田一口井"。每丘田都有一套完善的井灌工程体系，由古井、桔槔提水机具、田间灌排渠道共同组成小而精的灌溉系统。这种田被称作"汲水田"。每丘田大多为 1 ~ 3 亩，也有的田块经过整合，达十几亩甚至几十亩。井一般深 2 ~ 5 米，井口直径为 1 ~ 2 米，上窄下宽，底径一般为 1.5 ~ 2.5 米。井壁由卵石干砌而成，部分粉砂壤田里，井底部用松木做支撑。井壁外周用碎砂石做成反滤层。

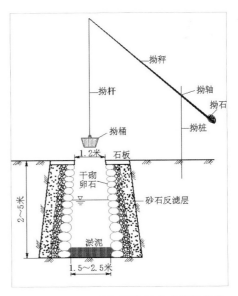

▲ 诸暨赵家镇古井桔槔结构示意图

2. 桔槔提水设施

提水的桔槔由拗桩、拗秤、拗杆和配重石头构成。桔槔是中国最为古老的提水机械，也是一个古老的名称。《说文》里称："桔，结也，所以固属；槔，皋也，所以利转……皋，缓也，一俯一仰，有数存焉，不可速也"。形象地描述了这一杠杆机械的核心组成及特点。《庄子》记桔槔"引之则俯，舍之则仰"。《农书》称："桔，其植者；而槔，其俯仰者。"据其描述，桔即今所谓"拗桩"，槔即今所谓"拗秤"。诸暨赵家镇的桔槔，拗桩一般高 4 米，多采用直径超过 10 厘米的松木；拗秤一般长 6.5 米，多用粗细不等的大毛竹，粗端直径约 20 厘米，绑缚重石，距与拗桩联接的横轴约 2 米，细端直径 5 厘米左右，联接拗杆；拗杆则多用细毛竹制成，一般长 5 米。

▲ 拗桶及其与拗杆的联接

▲ 雨厂

汲水的水桶为特制，通过木轴与拗杆下端联在一起，称作拗桶。本地人将这种用桔槔提水灌溉的井称作"拗井"。提水时人站在井口竹梁（木板）上，向下拉动拗杆将拗桶浸入井水中，向上提水时借助拗秤的杠杆作用，一桶水提起来省力不少。"拗"字也形象地体现了井灌提水过程。

井口的出水方向放置草辫，保护拗桶不被磕坏。提出的井水则通过简易的渠道，浇灌到田块各处。井旁一般栽植大树，有的还建有简易小屋，以供避雨、休憩和存放农具，称作"雨厂"。

知识拓展

古代提水机械有哪些？

人们用水时，很多情况下都需要把水从低处提到高处。因此，一些简易的提水设施便应运而生。最早出现的提水灌溉设施可以称为戽斗，简易的为水舀子，双人的是将特制的木桶或柳条筐两端系上绳子后，两人相对而立，用手牵拉绳子就可以取水了，在不能架设水车且水源与农田高差不大的地方都可以用戽斗来解决灌溉的问题。桔槔、辘轳是应用非常广泛的提取井水的机具。此外还有用人力或畜力的水车，其中人力水车有脚踏、手摇等；畜力水车有牛车、驴车等。利用水流的动能作为提水的动力，是一大进步，古人发明的水转翻车、水转筒车和高转筒车等，就是最常见的水力机械。水转翻车的提水部分结构与人踏翻车相同，但它的翻转动力是靠水流冲击一主动水轮，然后通过齿轮传动装置带动翻车转动。水转筒车在北宋时期已经很盛行。据记载，水转筒车的基本结构为三部分：一是转动大轮，二是水筒，三是支架。大轮的安装必须保证其下缘淹没于水中，上缘高于河岸，既可以保证汲水，又可以将水引入田中。高转筒车在唐朝已广泛使用，其主要特点是可以把较低的河水凭借水力自行提高到较高之处，满足灌溉需要。

▲ 水转翻车

三、其他相关遗产

其他相关遗产主要包括记载和证明赵家镇桔槔井灌历史的碑刻、族谱等。赵氏宗祠内的"兰台古社碑"刻于1809年，碑文记载，当时赵家一带"阡陌纵横，履畈皆黎，有井，岁大旱，里独丰谷，则水利之奇也"。证明当时赵家镇井灌工程分布已十分广泛。

▲ 兰台古社碑

◎ 第三节 灌溉管理的民间智慧

诸暨桔槔井灌工程及设施由农民自行修建、维护和使用，也归农民所有。大多数井灌工程均归一户农民所有，也有少数井被2户以上农民共同所有和使用。

诸暨桔槔井灌工程遗产中，两口井位置非常临近的情况也较为常见。这种情形下二井井壁间隔很近，渗流漏斗也大体重合，二井之间可以直接水量交换，被称作"串过井"。由于在其中一口井提水灌溉，会对另一口井的水位和水量有影响，因此在灌溉时两家农户往往会协商，一般是分别提水灌溉半日半夜，以保证井提水灌溉时水量充足，提高灌溉效率。

▲ 串过井

由2户或2户以上农民所有的井需要灌溉多家农田，则几家协商轮流提水灌溉，每户若干小时，保证每户的农田都能有水灌溉，这种井称作"轮时井"。

目前诸暨的井灌工程遗产中，井灌、桔槔等灌溉工程设施仍由农户所有和使用。近年来，地方政府为保护文化遗产，对古井、桔槔的维修进行部分资金补贴。

◎ 第四节 小工程、大历史：不平凡的遗产价值

一、历史价值

▲ 公元前 7 世纪亚述人桔槔逐级提水图

杠杆和轮具是人类文明最早的机械发明，而桔槔则是最为古老的杠杆原理提水机械，在古埃及、古巴比伦及古代中国等都有普遍应用，其历史最早可追溯至公元前 30 世纪。中国在公元前 4 世纪的文献中对桔槔提水井灌的机械型式、使用方法、灌溉效率已有明确记载，此后 2000 余年间在中国传统农业社会中一直广泛应用。据考证，诸暨桔槔井灌工程遗产所在村落的历史最早可追溯至南宋时期，北方移民至此发展农业、繁衍人口、逐渐形成村落，但早期各类文献并无对桔槔井灌的明确记载。在 17 世纪之后赵家镇的族谱、碑刻等文献中，已明确记载这一带普遍应用桔槔提取井水灌溉，并获得显著的灌溉效益。泉畈村井灌工程遗产仍保留历史时期的型式、使用方法、管理方式，灌溉效益仍在延续，堪称是这一古老灌溉方式的活化石。

▲ 赵氏宗谱中关于永康堰和汲水灌溉的记载

二、科技价值

诸暨桔槔井灌工程遗产的科技价值，主要体现在古人对地下水循环机理的科学认知，以及工程设施规划、设计的科学性上。诸暨赵家井灌工程的建设和长期使用，有其特殊的自然条件。以丘陵盆地为特征的地形条件，山溪冲积形成的深厚的潜水含水层，以砂壤土为主的透水性、含水性强的水文地

质条件，以及丰富的降水气候条件，为赵家镇一带提供了补给速度快、埋深浅的丰富的地下水资源。诸暨先民对地下水循环机理有科学认知，因此除充分利用自然条件凿井汲水灌溉之外，还能够在黄檀溪上建坝蓄水，人为增加地表径流向地下水的入渗补给。诸暨桔槔井灌工程遗产充分利用区域自然条件，因地制宜，用最简易的工程设施发挥了充分的灌溉效益，从而使移民在此能够定居并繁衍生息，逐渐形成村落。赵家镇的先民充分开发蕴含量丰富、稳定的地下水资源，通过合理的井群布置，使位于不同高程、属于不同农户的每一丘田都有井水能够灌溉，各田块均形成一个相对独立的灌溉单元，互相之间影响较小，加之归属及使用权责清晰，地下水分布相对公平，不易产生用水纠纷。每个田块均经过精心整理，井的位置最高，井水提出之后经过简易的田间渠道，可以自流输送到田块任何位置。田块之间、道路之侧设有排水渠，田间涝水也可顺利排到黄檀溪下游。科学的规划、精心的设计，是保障诸暨桔槔井灌工程群长期发挥灌溉效益的技术条件。

三、文化价值

桔槔在中国传统文化中有特殊含义，庄子用桔槔来隐喻做人，称："独不见夫桔槔者乎！引之则俯，舍之则仰。彼人之所引，非引人者也。故俯仰不得罪于人。"而子贡在汉阴遇到的农夫也认为桔槔这种省力的提水灌溉方式是机巧，认为使用桔槔是可耻的，因而宁可徒手抱瓮取水也羞于使用。这也是桔槔在中国古代特有的文化内涵。赵家镇的农民对千百年来一直使用的诸暨桔槔井灌工程设施有种朴素的感情。"何赵泉畈人，硬头别项颈，丘田一口井，日日三百桶，夜夜归原洞。"这首传唱不衰的民谣，既反映了井灌特点，同时也体现了当地人的性格和文化特点。诸暨人将桔槔井灌编入当地的戏剧中，在《九斤姑娘》剧目中有这样的唱词，张箍桶唱："第九只桶名真难懂，一根尾巴通天空，一根横档在当中，上头一记松，下面扑隆咚，拎拎起来满腾腾，问您阿囡叫啥个桶？"九斤唱："这只桶名也不难懂，名堂就叫吊水桶。"泉畈人用毛笔在农具上书写"既经营于桔槔，爱沛泽于甘霖"，表达其对这种古老遗产的珍视和对历史文化的传承之心。诸暨桔槔井灌工程遗产俨然已经成为赵家镇的文化标签。

四、可持续灌溉模式

诸暨桔槔井灌工程用原始、简单而科学的灌溉管理，实现了水资源的公平分配和灌溉的持续，保障了区域农业的长久发展。科学的管理制度体现在公平的资源分配、系统而明确的权责划分以及合理完善的协调机制上，诸暨桔槔井灌工程遗产恰恰体现了这样一种可持续灌溉的特有模式。地下水资源天然地随土地均匀分布，无需像地表水那样通过工程设施和管理制度分配水权；农民根据其占有的土地凿井灌溉，土地、井、桔槔提水设施均属其所有和使用，成为独立的系统，受益权和维护责任简单而明确；对"串过井"和"轮时井"，农户之间简单协调即可公平灌溉。以最低灌溉工程及管理成本，实现了充分的灌溉效益，这是诸暨桔槔井灌工程可持续灌溉的特有模式。

▲ 生活用水井

▲ 灌区农田生态环境

五、灌溉效益

诸暨桔槔井灌工程遗产千百年来为赵家、泉畈等村的农业发展、人口繁衍发挥了基础支撑作用。工程效益主要包括灌溉效益、生活供水效益以及生态环境效益。

诸暨赵家镇一带的泉畈、赵家、花明泉等村的农田历史上全部都是井水提灌，面积数千亩。据1985年调查统计，当时共有3633口井，提水灌溉总面积6600亩。此后在城镇化进程中，耕地面积大大萎缩，古井大多被填埋，桔槔被拆除，灌溉效益剧减。泉畈村是目前井灌工程遗产保存最为集中的区域，核心区有古井118眼，灌溉面积400亩。井灌保障了泉畈等村农业丰收和农村经济的发展。据清光绪年间的《宣德郎何君星齐墓志铭》中记载，当时家"有汲水田十余亩"，即能"勤俭颇可为家"，能够支撑"四年之间三经凶丧、两议婚娶"，可见历史上灌溉效益对农民生活的巨大支撑。如今泉畈、赵家等村农田大多改种经济价值较高的樱桃、蔬菜等，樱桃采摘已经成为农民经济收入的重要来源。

赵家镇一带地下水丰富、水质好，泉畈、赵家等村生活用水也以井水为主，家家户户有井，用水时大多使用一端带钩的竹竿和水桶提水，以供饮用、洗涤、洒扫等。现如今虽已通自来水，但村民仍习惯从井中提水作为生活用水。遗产区以泉畈、赵家古井为生活用水的供水人口共7700多人。

当地井水提水灌溉有利于地下水循环，促进地表水与地下水交换，对区域生态环境有利。

第九章

八百里秦川的命脉：郑国渠

陕西泾阳郑国渠（简称"郑国渠"）位于关中平原中部，是中国最早的大型无坝引水灌溉工程之一。郑国渠始建于公元前246年，它的建成为战国时期秦国的强盛和统一中国奠定了经济基础，历经2200多年演变，灌区仍在发挥灌溉效益。2016年被列入第三批世界灌溉工程遗产名录。

◎ 第一节 "疲秦之计"：成就千年古渠

▲ 郑国渠总干渠

郑国渠位于陕西省关中平原，黄河二级支流泾河上，区域属半干旱气候。关中平原自古以来就是中国重要经济区之一，历史文化底蕴深厚。郑国渠始建于秦始皇元年（公元前246年），工程由韩国水工郑国主持，自仲山西麓瓠口（在今泾阳西北25千米）引泾水向东开渠与北山平行，注洛水，全长150余千米。郑国渠利用泾水流域西北微高、东南略低的地形，渠的主干线沿北山南路自西向东伸展，流经今泾阳、三原、富平、蒲城等县，最后在蒲城县晋城村南注入漖河。郑国渠首开启了引泾灌溉的先河，秦以后，历代继续在这里完善其水利设施，先后历经汉代的白公渠、唐代的三白渠、宋代的丰利渠、元代的王御史渠、明代的广惠渠和通济渠、清代的龙洞渠等。民国年间，在著名水利专家李仪祉的主持下，建成了以现代水利技术为手段的泾惠渠，开始继续造福百姓。

郑国渠始建于公元前246年，是泾河上的无坝引水灌溉工程。随着历史进程泾河河床不断下切，郑国渠引水口也不断向上游迁移，灌区范围也有盈缩。直到 1932 年李仪祉先生主持改建成泾惠渠，引泾灌渠成为有坝引水工程，至今仍在灌溉 140 余万亩。

郑国渠实际上是韩国为免其亡而派水工郑国"间秦"的"疲秦之计"，然而却收到了意想不到的效果。郑国渠建成后，总灌溉面积达四万顷之多，灌区农作物产量倍增，正如《史记·河渠书》所述，"凿泾水自仲山西邸瓠口为，并北山东注洛三百余里，渠就，溉泽卤之地四万余顷（约合今 280 万亩），收皆亩一钟，于是关中为沃野，无凶年，秦以富强，卒并诸侯。"郑国渠对于改变当时的生产条件，抗御自然灾害，发展农业生产，提高粮食产量，增强秦王朝的国力，加速统一全国大业，发挥了重要作用。

知识拓展

关中平原
——中国政治经济文化重地

关中平原又称渭河平原、八百里秦川，是中国第四大平原。之所以被称为关中，因为东有潼关，西有大散关，南有武关，北有萧关，居四关之内，故称关中。渭河平原属于暖温带半湿润气候区，年平均气温 12 ~ 13.6℃，年降水量为 550 ~ 660 毫米。受季风气候影响，降水主要集中在 7—9 月。关中地势险要，在古代交通和武器落后的情况下，守军只要坚守四面山岭上的关隘，敌人是难以攻入西安的。因此古人说关中"被山带河，四塞以为固"。不少君主为了首都的安全，都选择在关中的名城西安建都。关中平原自然、经济条件优越，是中国历史上农业最富庶地区之一。又因交通便利，四周有山河之险，从西周始，先后有秦、西汉、隋、唐等13代王朝建都于关中平原中心，历时1000余年。

郑国渠运行100余年后，因河床刷深，工程状况恶化，引水困难。汉武帝元鼎六年（公元前111年），左内史倪宽为了灌溉郑国渠旁的高地，开了6条小渠，称六辅渠，同时"定水令，以广溉田"，制定了我国古代最早的用水法规。16年后，武帝太始二年（公元前95年），郑国渠口被冲毁，赵中大夫白公主持修建了另一引泾灌溉工程，名白渠，渠首在郑国渠之南，渠道向东至栎阳南入渭水，长100千米，灌田4500公顷。

隋、唐定都长安后，对水利建设十分重视，先后改建和扩建渠首工程，改善灌区渠系网络，增开分支渠，立三限闸、彭城闸以分水，并广开斗渠、斗门以限水，限制碾硙用水，以保灌溉。改变过去的引洪灌溉为冬、春灌溉，由唐中央制定《水部式》，明确组织、分水和用水制度，以做到"决泄有时，畎浍有度，居上游者不得专

▲ 郑国渠渠首遗址

▲ 汉代白渠引水口遗址

其腴"，"务使均普，不得偏并"。灌溉面积曾达到 10000 余顷，称"郑白渠"，后亦称"三白渠"，是古代引泾渠历史上的鼎盛时期。

自宋代起，政治、经济中心东移，引泾灌溉效益下降，因河床渐低，引水困难，引水口不断上移，工程更加艰巨。宋代初期，对郑白渠渠堰进行过维修，并因石堰用工甚大而一度改用木堰。北宋熙宁五年（1072 年）开始，先由泾阳令侯可，后由赵佺主持，将郑白渠渠口上移至峡谷地带，新开石渠、土渠 2 千米多，历时 36 年，建成丰利渠，灌田 1.67 万公顷。

▲ 丰利渠引水口遗址

▲ 丰利渠引水口处的水则

丰利渠运行 200 多年后，因战乱等原因，年久失修，渠堰塞坏，土地荒废，不得水利。元延祐元年（1314 年），从丰利渠上游另开石渠 51 丈，称王御史渠，历时 25 年。明代引泾灌溉，曾多次对王御史渠及原三白渠系进行整修。明成化元年（1465 年），明代由项忠主持，挖山洞，开石渠，工程更加艰巨。经三易主管，历时 17 年（1465—1482 年）始建成引泾渠首工程最为艰巨的广惠渠但宋代以后，所建丰利渠、王御史渠和广惠渠均未达到唐代规模，而且效益日渐衰落。

清乾隆二年（1737 年），不得已而"拒泾引泉"改名为龙洞渠，龙洞渠为"拒泾引泉"灌溉工程，是利用明代广惠渠的隧洞和沿山石渠，引龙洞泉并汇集沿渠众泉水而灌溉，并无专设的渠首工程。到清代后期同治年间，高陵知县徐

▲ 广惠渠引水口遗址

德良、内阁学士袁保恒曾先后试图恢复引泾水灌溉，均未成功。

民国初期，列强入侵，军阀混战，生产萎缩，民不聊生，陕西水利处于停滞状态，有识之士总结郑国渠和白渠经验，认识到在关中要振兴农业，必须发展水利。民国十一年（1922 年），李仪祉任陕西省水利分局局长兼渭北水利工程局总工程师，着手进行引泾工程勘测规划，提出设计方案，后因政局不稳，工款无着，未能动工。民国十七年至十九年（1928—1930 年），陕西关中连续三年大旱，全省受灾范围达 80 余县。民国十九年（1930 年），李仪祉应杨虎城将军之邀再度回陕西，任陕西省政府委员兼建设厅厅长，重新筹划引泾工程，终由陕西省政府拨款、北平华洋义赈救灾总会及海外侨胞捐款，使引泾工程于当年冬季正式开工。民国二十一年（1932 年）四月第一期工程建成放水，经陕西省政府命名为"泾惠渠"，第二期工程于 1934 年完成，计划灌溉面积 64 万亩，引水流量 16 米³/ 秒。

泾惠渠是我国运用近代科学技术最早建成的一项大型灌溉工程。泾惠渠自建成以来，灌区共扩大灌溉面积 71.3 万亩，渠首引水能力增大 1.8 倍，年供水量由 1.6 亿米³ 最高达到 6.5 亿米³。灌区初步实现灌排结合、渠井双灌、控制沼盐、旱涝保收，为灌区农业高产和社会经济的发展作出了贡献。

1966 年 7 月 27 日，泾河洪水冲毁泾惠渠大坝，同年 10 月下旬开工，在原坝址下游 16 米处新建一座拦河溢流坝，历时 8 个月完工，坝高 14 米，坝顶长 87.5 米，

▲ 1932 年兴建的泾惠渠大坝

坝底宽 23 米。1971 年建成渠首新进水闸，扩建了原引水洞，加高了干渠石堤，引水能力由 46 米³/秒增加到 50 米³/秒。1949 年以来对灌排渠系、配套工程多次进行维修、完善，灌排能力和管理能力大大提高。

◎ 第二节 变与不变：龙口数迁仍泽润千里

郑国渠灌溉工程体系由渠首、灌排渠系及配套工程等组成。这些工程设施构成有机整体，保证了灌区旱涝无虞。

一、渠首枢纽

历史上郑国渠是无坝引水灌溉，始建时的渠首位置在泾阳县王桥镇上然村西北约 1 千米处，渠底已高出现在的泾河河床约 15 米；西汉太始二年（公元前 95 年）中大夫白公主持重修，将渠首上移 1.297 千米，称作"白渠"；到北宋熙宁年间（11 世纪）再修，渠首又再次上移，凿基岩开渠口和渠道，称"丰利渠"；元延祐年间（14 世纪），陕西行台御史王琚主持渠首再次上移，称"王御史渠"；明成化年间（15 世纪）再次将渠首上移 990 米，并开凿隧洞引水，历时 18 年完工，称"广惠渠"；明正德十一年（1516 年）及清道光二年（1822

▲ 王御史渠引水口遗址

▲ 今泾惠渠渠首大坝

▲ 郑国渠历代水利碑刻

▲ "渭北水利工程处"遗址

年），两次开挖引水隧道、对原干渠进行裁弯取直，分别称作"通济渠"和"鄂山新渠"；到1932年，李仪祉先生主持重修引泾灌渠，在原渠口上游建成有坝引水枢纽，称为"泾惠渠"。1966年，泾河洪水冲毁大坝，在其下游16米处重建混凝土溢流坝1座，除引水灌溉之外，兼有发电效益。2200多年来，泾河河床下切近20米，郑国渠渠首位置上移约5千米。

二、灌排渠系及控制工程

2200多年来引泾灌区范围不断变化，灌溉渠系也随之演变。郑国渠始建时总干渠长150余千米，灌溉面积达280万亩。此后灌区多次萎缩和恢复，灌溉渠系也有所调整，但每次大修都在之前渠系布置基础上。现状泾惠渠设计引水流量50米³/秒，灌排渠系包括总干渠1条、分干渠5条，总长92.324千米；支渠、分支渠25条，长度336.21千米；斗渠593条，长度1477.5千米；干支渠上控制工程1984座。

三、相关遗产

郑国渠保留有14块历代修护纪事及管理制度碑刻，它们是郑国渠灌溉工程遗产价值的重要见证。民国时期的泾惠渠建设管理机构"渭北水利工程处"遗址，见证了近代引泾灌区的传承和发展。

◎ 第三节 写入国家法典的灌溉管理制度

历史上郑国渠灌溉有严格的管理制度，随着时代的发展，管理制度也不断完善。总体来看，郑国渠的灌溉管理一直沿用官方与民间结合的管理模式。政府主持灌区主要渠段及大型工程的修建，颁布规章制度并监督执行；灌区农民在政府指导下对下级渠道及配套工程进行岁修维护，并灌溉用水进行具体分配。据文献记载，西汉时（公元前 2 世纪）引泾灌渠就曾"定水令"。唐代中央政府颁布的水利法规《水部式》及《唐六典》中，特别对泾渠等灌区的斗门堰坝等水量控制工程的建设、灌溉用水分配规则、管理机构、官吏的任免、职责及考核监督，以及渠道灌溉效益与水碾等水力效益的协调等进行了明确规定。此后宋、元、明、清时期，工程岁修、夫役、灌溉用水定量分配、工程与水环境安全、水行政管理等规章越来越细化。1934 年，陕西省水利局成立"泾惠渠管理局"，这一灌区专门的管理机构延续至今。1951 年又成立泾惠渠灌区灌溉委员会，由陕西省水利厅、泾惠渠管理局及灌区相关市县政府主要负责人组成，具体负责审议灌溉规章制度、协调各地区灌溉用水。目前灌区的群众管理组织仍基本延续历史形式，干、支渠分段设"段长"，斗渠设"斗长"，均从灌区农民中遴选产生，并通过管理局任命，具体负责相应灌片的工程巡查维护、用水调配等。与时俱进的管理制度，保障了引泾灌渠灌溉效益的持续发挥。

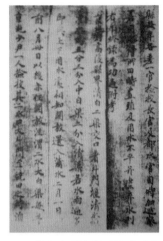

▲ 唐代水利法规《水部式》书影

▲ 1936 年 10 月泾惠渠第六次水老会议合影

▲ 民国时期的灌区管理机构——泾惠渠管理局（摄于1941 年）

◎ 第四节 关中底定秦一统，泾渠典范垂千年

郑国渠在泾河自然条件发生重大变迁的条件下，持续 2200 多年发挥灌溉效益，具有突出的历史、科技、文化价值，是可持续灌溉的典范。

郑国渠始建于公元前 246 年，历史悠久，持续 2200 多年灌溉关中平原。郑国渠的开凿，使关中地区由斥卤之地一跃而成为沃野，粮食产量大量增加，也使当时的秦国国力更为强盛，为秦统一中国奠定了基础。郑国渠在关中地区农业发展史乃至中国历史进程中都具有里程碑意义。郑国渠是秦举全国之力修建的，历时十年完工，在当时的科技水平下创造性地解决了多个技术难题，建成总干渠 150 余千米、灌溉面积 280 多万亩的工程规模，使当时的粮食亩产量达到 125 千克，在当时属于工程奇迹。郑国渠的工程变迁，见证了泾河流域河床变迁的自然史；郑国渠灌区的演变和管理制度的变迁，见证了古代和近现代关中地区社会文化发展历程乃至中国的政治经济发展史。郑国渠具有突出的历史价值。

郑国渠的修建在当时的科技水平下创造性地解决了多个技术难题，如大范围地形测量基础上的渠线规划布置，引水渠首的工程布置，干渠穿越多条自然河流处通过平交方式扩大灌溉水源，引用高含沙量水进行淤灌改良低洼盐碱地等，在当时的水利科技水平下是重大创新。同时，无坝引水的工程型式、高含沙量水流的综合利用、对低洼盐碱地的改良、干渠与自然河流的平交处理等，具有对自然环

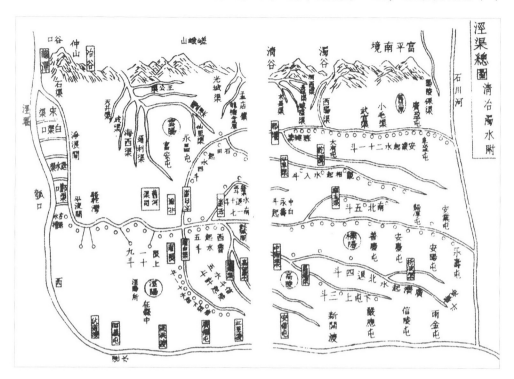

▲ 元代绘制的引泾渠首变迁示意图（引自元代李好文《泾渠图说》）

境的最小不利影响和良好的生态效应。泾河水含沙量很高，"泾水一石，其泥数斗"，郑国渠"用注填阏之水，溉泽卤之地"，"且溉且粪，长我禾黍，衣食京师亿万之口"。郑国渠对多沙河流的利用，对当代多沙河流的综合治理策略提供了历史借鉴和参考。历史上郑国渠灌溉有严格的管理制度，西汉时（公元前 2 世纪）引泾灌渠就曾"定水令"，特别是唐代用国家法律对灌渠工程建设、用水分配、管理体系、不同水利效益之间的矛盾协调等进行约束和规范，历代管理制度随着灌区发展、社会经济文化发展也不断演变，管理规定越来越细化。这些传统管理制度综合考虑了水利工程的灌溉效益与其他水利效益的协调，体现了水资源综合利用、突出重点的管理特点；体现了国家、地方政府、农民不同层级，以及上下游、左右岸不同地区对公共水利工程权、责、益的综合分配。这些理念和管理经验，对现代灌区发展仍有借鉴意义。郑国渠灌溉工程遗产，具有突出的科技价值，值得总结和学习推广。

知识拓展

泾河含沙量

泾河，黄河支流渭河的一级支流，发源于宁夏六盘山东麓。泾河全长 455.1 千米，流域面积 45421 千米^2。泾河流域水土流失严重，是黄河水系输沙量最大的二级支流。泾河含沙量很大。泾河张家山水文站从 1932 年到 1970 年，实测最大含沙量为 1430 千克／米^3（1958 年 7 月 11 日），多年平均含沙量 141 千克／米^3，每年向渭河输送 3.09 亿吨泥沙，是渭河泥沙的主要来源地。泾河流域 1971—2003 年多年平均年径流量为 13.02 亿米^3，输沙量为 21559 万吨，近 33 年来，总体变化趋势是输沙量略有下降，径流量下降比较明显。泾河泥沙的年内分配很不均匀，90% 的泥沙集中于汛期（7—9 月），例如 1933 年 8 月 7—12 日，泾河张家山水文站输沙量达 8.4 亿吨，占该年泾河输沙量的 72%。枯水期泥沙很小，冬季河水清澈见底。陕西境内支流的泥沙远小于干流，这说明泾河泥沙主要来自上游甘肃省境内。由于彬县断泾以上为白垩系红色砂岩及第四系黄土，质地疏松，极易冲刷，再加秦汉以后大量开垦，这里水土流失严重。严重的水土流失造成"泾水一石，其泥数斗"，泾河浊流滚滚，使农业遭受摧残。唐代诗人杜甫曾有"秦山忍破碎，泾渭不可求"的感慨。

郑国渠承载着丰富的文化内涵。郑国渠一直作为关中地区秦文化的代表之一，修建的故事为世人广泛传颂。郑国渠无坝引水、淤灌模式、工程规划等，反映了古代中国的哲学思想，郑国渠延续至今，承载了 2200 多年关中地区历史变迁的政治、军事、经济、文化的内容，历史文化价值内涵丰富。郑国渠保存有历代水利纪事及灌溉制度碑刻 14 块，相关历史文献众多，这些都是郑国渠灌溉工程遗产的重要组成部分，也是郑国渠水利文化价值的载体。

2200 多年泾河河床下切深度达 20 多米，为了保障灌溉引水，郑国渠渠首也因此不断向上游迁移，总里程约 5 千米。郑国渠灌区的灌溉管理制度一直是官方与民间结合的模式，不同时期针对当时的突出问题，具体的管理规定不断更新和完善，保障灌溉工程的延续。郑国渠科学而与时俱进的工程体系和管理制度，使其成为灌溉工程可持续运营的典范。近代以来，引泾灌区与时俱进，改建为有坝引水，工程型式虽然发生了变化，但持续的灌溉效益保持了发展和扩大，传统优秀的管理经验仍在发挥作用。郑国渠为始、泾惠渠为继的引泾灌区，是可持续灌溉发展的典范。

▲ 明天启年间的灌渠保护禁示碑

151

郑国渠始建之初，灌溉面积达280万亩，使贫瘠的盐碱地通过淤灌成为沃野，亩产量达到125千克，为秦统一中国奠定了经济基础。随着泾河的不断下切，郑国渠渠首引水受到影响，虽不断上移改建，灌溉范围也历经盈缩变化，但一直是关中地区农业发展的支撑，汉唐时期郑国渠更是"衣食京师亿万之口"，效益显著。1932年泾惠渠改建为有坝引水，灌溉面积60万亩。1966年渠首再次改建，大坝加高，引水能力扩大，灌溉面积达到122万亩。现状灌区范围涉及6个区县、48个乡镇共1180千米^2，灌溉面积145.3万亩。灌区灌溉历史悠久，素有关中"白菜心"之美誉，农业生产水平较高，灌区耕地面积仅占陕西全省耕地面积的2.5%，而粮食总产量却占全省粮食产量的5.8%，粮食平均亩产量保持在760千克左右。灌区人均生产粮食1148千克，1949—2010年的62年来，累计生产粮食236.4亿千克，较旱地增产粮食102.03亿千克，总经济效益188亿元，净效益130亿元，年均净效益3.1亿元，为陕西经济的腾飞作出了巨大贡献。

第十章

变涂泥为沃土：太湖溇港圩田

在太湖南岸，一条条水道自太湖向内陆延伸，在广袤的大地上呈现出纵横交织的水网，这是一个古老而庞大的水利工程系统——浙江湖州溇港，也称"太湖溇港圩田"。其始于在太湖滩涂上纵港横塘的开凿或整治，逐渐构成了节制太湖蓄泄的水利工程体系。太湖溇港圩田的历史始于春秋时期的吴国（约公元前6世纪），北宋时（约10世纪）形成了完善的溇港水利体系。2016年被列入第三批世界灌溉工程遗产名录。

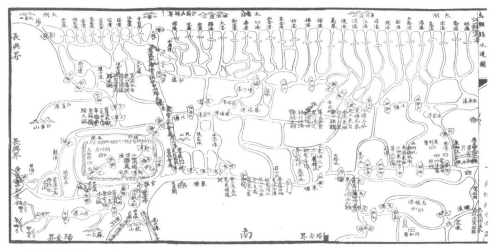

▲ 乌程县水道图（引自《浙江水利备考》）

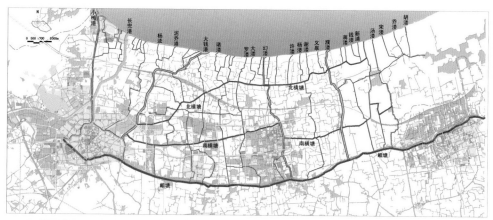

▲ 太湖溇港圩田分布图（引自《太湖溇港水利遗产保护与利用规划》）

太湖溇港圩田主要分布在太湖南岸今浙江湖州、嘉兴以及太湖东岸江苏苏州、无锡地区。湖州市地处太湖流域上中游，是太湖流域溇港及塘浦圩田系统发端最早、体系最完善、特征最鲜明和唯一完整留存的地区，太湖溇港圩田是本土先民在社会经济发展和与自然灾害抗争过程中，创造的适应太湖南岸地区地势低洼、河网密布等特点和水土资源条件的水利工程体系，是我国传统水利的光辉典范，是人水和谐，生态、经济、交通、文化、社会协调发展的杰出代表。

◎ 第一节 遗产的由来：筑堤导水，围沼作田

太湖流域水系以太湖为中心，分为上游水系和下游水系两部分。上游来水主要有南源的苕溪水系和西源的荆溪水系；下游有三江泄水：吴淞江、东江和娄江，分别从东北、东和东南注入江海。苕溪和荆溪水系都具有源短流急的山溪型河流的水文特性。太湖地区一般水高田低的特殊地势，导致集水量特别大，地下水位高，最易受涝。在这样的特定条件下，必须有相应的水利建设和排灌设施，并经常做好管理养护工作，才能保证农产品的丰收。古代劳动人民针对这一特点，在苕溪和荆溪的尾闾运用"横塘纵溇"的独特措施，充分利用水利资源，消除旱涝灾害。

溇港圩田与太湖堤防建设同步，是区域环境改

善和农业开发的基础。太湖平原形成后，东部外缘继续不断向外伸展，环湖滩地也在涨塌不定中，逐渐向湖面扩张。环湖湖堤的修筑，为堤外塘浦圩田的开拓创造了条件，同时也促进了环湖滩地的淤涨。古代太湖人民为了开发环湖淤滩，化湖壖为良田，因地制宜采取横塘、纵娄的工程布置。环绕太湖东、南、西三面的横向塘河叫"横塘"，分泄入太湖的纵向小渠称为"娄"或"港"或"浦"或"渎"，统称为"娄港"。由于地形条件的关系，这种娄港圩田系统独具一格，在他处很少有先例。

娄港见证了2000年来太湖流域治水史和农业发展史，以及环太湖地区人文与自然史的演变进程，是中国水利遗产的重要类型。娄港圩田是太湖流域特有的水利类型，在区域农业经济中具有举足轻重的地位。

娄港圩田的发展始于太湖滩涂上的横塘修筑。由于横塘的兴建，形成了相对独立的圩田区及其灌排沟渠系统。战国末年的吴越争霸下的军事屯垦带动了河渠体系形成，特有田制——圩田随之同步发展。10世纪时太湖娄港工程体系已经形成，并为区域农业发展奠定基础。元、明、清时期太湖流域已经成为中国主要粮食产区和纺织品生产地，是供给北京和军队漕粮的主要输出地，是13世纪以后中国南方经济中心之一。

太湖堤形成前，太湖东部、南部没有显著的湖界。南太湖堤于春秋开始建设，最后湖堤完成于10世纪的吴江塘路。在区域行洪、排水、灌溉与水运等多重需求下，临湖滩地与滨湖平原不断扩展，太湖娄港逐步延长和加密，形成了今天约

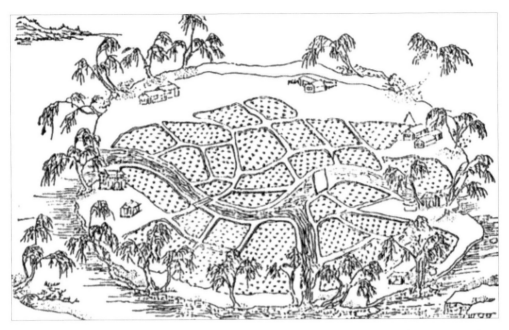

▲ 太湖环湖溇港圩田示意图
（来源：吴兴溇港文化史）

500～840米一条溇港的密度。溇港的开凿、维护与土地整治、农桑的发展相互促进，形成了相对独立的桑基圩堤，圩内形成了独立的灌排体系和农业生产体系。

横塘与溇港有着相辅相成的关系，横塘的加挖反映了溇港圩田的发展。到清代道光时顿塘北距湖滨已达10千米上下。随着湖田的垦拓，溇港亦逐渐加密，发展到元末明初，长兴有25港，吴兴有38溇，后来长兴已增加到36港，此后虽又略有增减，但一般仍以"长兴三十六港，吴兴三十八溇"为名，总称74溇。胡溇至小梅口属吴兴，蔡浦至斯圻港属长兴。目前溇港系统整体格局尚存。现在长兴、吴兴2县湖岸共长约62千米，有74条溇港，平均840米即有1条溇港。其中以长兴的夹浦、新塘与吴兴的小梅、大钱诸港为最大，担负着主要的排引任务。

◎ 第二节 工程体系：横塘纵溇，圩田遍布

"一万里束水成溇，两千年绣田成圩。"打开湖州地图，可看见一条条南北向的河道伸向太湖，叫作"溇"；一条条东西向的河道横贯其间，叫作"塘"，横塘纵溇之间的岛状田园叫作"圩田"，如梳齿般繁密的溇塘河道与星罗棋布的岛状圩田构成了棋盘式的溇港圩田系统。

太湖溇港圩田由四部分组成：太湖堤防工程、溇港塘漾体系、圩田沟洫体系，以及其他相关遗产。

▲ 太湖明代古堤

太湖堤防体系的建设和完善，是溇港水网形成和圩田水利建设的基本条件。湖州境内太湖堤防长度约 65 千米。太湖堤防的建成，使溇港圩田所在的区域水环境发生根本转变，由季节性涨水的滩涂涸出成陆，为灌溉农业和区域经济文化的发展创造了基本条件。

目前具有历史价值的溇港横塘包括 3 条横塘、73 条溇港。湖州所在的苕溪冲积平原，本为天目山与太湖之间的狭小平原，河道短促，水流较为湍急，溇港系统充分运用东西苕溪中下游地区众多湖漾进行逐级调蓄，急流缓受，以消杀水势。通过人工开凿的东西向河道，如获

▲ 太湖溇港之一——诸溇

塘、北横塘、南横塘等使"上源下委递相容泄"，使东、西苕溪和平原洪水经溇港分散流入太湖。而以自然圩为主体修筑"溇塘小圩"，使原有河网水系基本不受破坏，发挥河网水系的调蓄、行洪和自我修复功能。

庞大细密的溇港系统，除却纵横交织的水道，还包括水闸、桥梁等细节，这些细节中蕴藏着非同寻常的机巧和智慧。在每一条溇港水道汇入太湖的尾闾处均设有水闸，是溇港系统中由人力操作的关键部分。溇港上游区域遭遇洪涝时，水闸开启，泄涝入太湖而不使为患；太湖遇涝水涨之时，水闸关闭，防止湖水内侵害田；旱季，溇港水位降低，水闸开启，引太湖水流入溇港，供圩田上的居民生产生活之用……依靠水闸的调节，溇港中始终可以保持较为稳定的水位，实现了北宋范仲淹所说的"旱涝不及，为农美利"。

湖漾是横塘纵溇间的面积较大的水域，它们是太湖沿岸重要的水柜与生态湿地。太湖溇港圩田的规模一般在几十亩至千亩，各处圩田具有完备的田中水渠、内港、外港及抽水泵站。

除了工程遗产外，溇港还有很多文化遗存，如古代聚落、古代水利建筑和相关传统习俗等，是先辈留下的丰厚而宝贵的历史文化遗产。

太湖溇港地区保留的传统人文景观十分丰厚，无处不在。古桥散落乡村溇港之间，如幻溇村建于三国赤乌年间的元通桥、大钱村巡检司衙门前的普安桥、义皋村明代单孔石拱尚义桥等。溇港中摇曳的船舶延续着古老的航运文化，有"平三道、缆五道"

▲ 溇港文化美景（引自吴兴区人民政府网站）

大渔船、书船、往返大钱至无锡的湖锡班轮船以及农用摇粪船、捻泥船……散布各处的塘门闸板、手拉葫芦吊闸以及常见于男子腰间、便于从事河工劳作的拙裙，无不保持着传统水利事业细节之处的巧妙与朴素。除此之外，还有由溇港衍生出的运河文化、稻作文化、丝绸文化、渔文化、旅游文化等，这些人文景观构成了太湖南岸风华无尽的溇港文化风情带，展示出一幅充满传统韵味的溇港农耕生活画卷，是太湖溇港延续至今的文化基因，具有独特的文化魅力。

太湖溇港地区保存着颇具地方特色的水利民俗文化——广为流传的防风氏治水和范蠡西施泛舟五湖的传说，都与湖州先民早期的治水活动有关；各溇港口门和村镇都有水神庙，定期举行各类祭祀活动，是维系乡谊、传承文脉的重要场所，车水号子、渔歌渔谣则是经久不衰的非物质文化遗产。

◎ 第三节 灌溉管理：官民结合，经费保障

完善的水利管理制度是溇港灌溉农业持续发展运用的保障。溇港水利管理采用官方和民间结合的管理模式，在其历史发展过程中，溇港管理的相关岁修制度、用水管理、经费管理等规章制度逐步完善，有的延续保留至今，是灌溉工程可持续管理的典范。

太湖流域塘浦、溇港圩田的农田水利管理，始于五代吴越时期。吴越贞明元年（915年），吴越王钱镠"置都水营田使"和"撩浅军"，在"太湖旁置撩浅卒四部凡七八千人，常为田事，沿湖筑堤"，"遇旱，则运水种田，涝则引水出田，立法甚备"。北宋嘉祐四年（1059年），"招置苏、湖开江兵士"。北宋元符三年（1100年），宋哲宗昭示"苏湖秀州，凡开治运河，浦港沟渎，修叠堤岸，开置斗门、水堰等役"，均可"役开江兵卒"。元大德二年（1298年），设立浙西都水庸田司，专主水利。明洪武二年（1369年），乌程县设大钱湖口巡检司，长兴县设皋塘太湖口巡检司，管辖溇闸和通航等。明洪武年间（1368—1398年），乌程、长兴建立溇港管理修浚制度，"每年拨一千户"工役，"去淤泥，以通水利"。每条溇港配备役夫10名、铁耙10把，以及畚箕、竹帚等工具。清代"永乐以后，自监司以及郡县俱设有水利官，专治农事，每圩编立塘长，即其有田者充之。岁以农隙，官率塘长循行阡陌间，督其筑修圩塍，开治水道，水旱之岁，责其启闭沟缺"。清道光九年（1829年），湖州知府吴其泰奉命制订《开浚溇港条议》，对溇塘修筑、清障、分段管理、土方填筑、溇闸管理等作出明确规定，每溇设闸夫4名，利用"公项存典生息，由府发归大钱司给予口粮"。清同治十一年（1872年），根据浙江巡抚杨昌濬提议，由湖州府制订《溇港岁修条议》，奏报时更名为《溇港岁修章程十条》，并"奉旨著照所议"，落实岁修经费。该章程规定乌程县每年轮开六港，计三十六港，六年为一个周期，周而复始。对溇港开浚的顺序、补助金额、闸门启闭、

小贴士

撩浅军

撩浅军是五代吴越时期大兴塘埔圩田时的专门工程养护队伍。创设于唐天祐元年（904年），计有10000余人，归都水营田使指挥，分为四路：一路驻吴淞江地区，负责吴淞江及其支流的浚治；一路分布在急水港、淀泖地区，着重于开浚东南出海通道；一路驻杭州西湖地区，负责清淤、除草、浚泉以及运河航道的疏治管理等工作；一路称作"开江营"，分布于常熟昆山地区，负责通江港浦的疏治和堰闸管理。

闸工配置、水准测量、溇塘疏浚、资金管理、工程质量监督等，也均作了相应规定。每年的岁修经费则从丝捐、绸捐中拨款。

溇塘的修浚工程浩繁，耗费大量人力、财力，经费来源是历朝历代地方财政的难题。水利不兴，洪涝成灾，农桑遭受损失，当然伤民，但增加赋税，大规模征用劳动力，也必然伤民，因而历朝历代曾采取多种办法筹集水利经费。

一是财政拨款。重要的水利工程和修复，事先编制预算，上报核准后，从国库公帑和府县库银中列支。清雍正八年（1730 年），浙江巡抚李卫从国库拨银1400 余两，用以维修大钱、小梅石塘及诸溇闸。清道光九年（1829 年），乌程、长兴等58 条溇港及碧浪湖疏浚所需的土方及经费，经调查估算后，采用大包干的办法解决。清同治十一年（1872 年）颁布的《溇港岁修条议》规定，溇港的轮修和岁修经费，以每条溇港"三百五十串为率，虽然港有长短，工有钜细"，但每年轮修六港的经费总额，不得超过二千一百串。

二是发动捐款。提倡"富者输其财，贫者输其力"。凡是重点水利工程，常由州县官员带头捐出俸禄，地方乡绅"富者输财"，由此解决部分水利经费。

三是以桑支农。清同治年间，徐有珂《重浚三十六溇港议》测算，从获利最厚的出口蚕丝中，开征丝捐，按千分之

▲ 南太湖古堤

四的比例抽取开河基金，以三年为限，即可筹措 18
万两银元，以后可用其年息，作为溇塘岁修经费、
日常管理费用及人员工资。由于蚕丝获利丰厚，开
征此捐阻力不大，而且直接向丝绸业收取，可以"不
经吏胥"，所以"一无加耗"。这种做法"取诸民，
散诸民，民用其力，而农田水旱有备"，在当时，
成效十分显著。此前也有先例，清乾隆四年（1739
年），湖州知府胡成谋以河渠"开挖之土，填筑高地，
栽桑招佃，岁取租入"，用于水利工程支出。

四是以工代赈。

五是按受益田户分摊。清代杨延璋、熊学鹏《奏
请乘时开浚湖郡溇港疏》载："分地远近，按亩乐输，
以作修浚溇港之费。"

唐五代以后，太湖流域的漕粮税赋成为重要财
政来源，塘浦圩田的开发得到重视，不仅注重沿海
地区的海塘和沿太湖的堤塘修筑，而且形成了完备、
有效的塘浦圩田管理制度，圩田的治水治田技术也
日臻成熟。五代吴越时期，在唐代屯田的基础上设
置堰闸，调节水位，控制水旱，并设置撩浅军，导
河筑堤，治水与治田相结合，为圩田建设和管理积
累了经验。北宋时期，太湖流域的水利以"漕运为
纲"，"转运使"代替原来的"都水营田使"，致
使治水与治田分离，塘浦圩田的养护撩浅制度废弛，
虽然后来有开江营兵的设置，但偏重于漕路的维修，
而且人数少，废置无常，最终导致大圩古制解体，
逐步分解为分散零乱的二三百亩小圩。北宋郏亶认
为，小圩抗洪能力差，容易溃决成灾，因而上书恢
复塘浦大圩古制，"朝廷始得亶书，以为可行……令
提举兴修，亶至苏兴役，凡六郡三十四县，比户调

▲ 小沉渎上的锁界桥

夫"，但是，没有因势利导，在水利措施上另求良策。大圩古制与小农经济生产方式相背离，试图恢复大圩古制，显然不符合个体农民的利益。据南宋范成大《吴郡志》记载，"民以为扰，多逃移"。北宋熙宁七年（1074年）正月一日，宋神宗下旨，命"郏亶修圩未得兴工"，竟然出现"人皆大欢然"的局面。郏亶本来以为这是利国利民之事，可使"民忘其劳"，"虽劳无怨"，由于原来集中经营的屯田，早就演变为中、小地主或个体农民分散经营的小圩，恢复大圩古制的举措难以推行，最后以郏亶罢官而告终。南宋时期，黄震等人也曾主张"复古人之塘浦，驾水归海，可冀成功"，经"量时度力"后，也未能实现。

太湖溇港圩田以自然圩和墩岛为基础而修筑，规模适度，大多为二三百亩，规模小的只有几十亩，边际条件和社会关系简单，"民力易集，塍岸易完"，"潦易去"，如遇灾情，为求自保，可以人自为战、户自为战。经过唐宋时期以来的不断修筑与完善，溇塘水系和溇港圩田设闸控制，排灌便利，实行双向调节，已经自成系统，抗灾能力较强。北宋嘉祐五年（1060年），转运使王纯臣请令苏、湖、常、秀作田塍，位位相接，以御风涛。令各县"教诱利殖之户，自筑塍岸，自为堤障"，而原来实施"大圩古制"的地区，因"后人求己之田之便利而坏之"，"坏之既久，则复之甚难"，塘浦圩田越分越小。

而吴兴的溇港圩田，则通过将众多"升斗小圩"联
圩并圩，"缮完堤防，疏凿田浍"，使相邻小圩联
成较大的集合单元，在"大包围"中保留"小包围"，
万一发生溃决"走圩"，也不至于殃及全圩，潦水
退去，也容易修复。因此，太湖溇港圩田系统的延
续和发展，不仅得益于治水治田技术的逐渐成熟，
而且得益于经营规模与小农经济生产方式相匹配，
并具有鲜明特点。

现如今，太湖溇港圩田分别位于湖州市的两个
行政辖区：吴兴区、长兴县，水利系统分属省、市、
县三级水行政主管部门管理。

◎ 第四节　遗产价值：历史见证，文化传承

太湖溇港圩田见证了历史演变。由于太湖堤和
溇港的兴建，构成了节制太湖蓄泄的水利体系，在
潮起潮落滩涂上诞生了河渠、农田、乡村和城镇。
随着溇港工程体系发展完善，太湖平原成为中国主
要粮食产区和纺织品生产地。溇港孕育出富庶之区，
更有耕读世家的人才辈出。应该说，溇港是2000
年来太湖流域治水历史的见证，也是一个区域人文
与自然史的演变进程。

太湖溇港圩田具有极高的水利遗产价值。南太
湖区域位于太湖流域上游苕溪水系和长兴水系的入
湖尾闾，历史上属于太湖消落带。太湖溇港水利工
程体系的开发和治理彻底改变了南太湖区域的自然

▲ 太湖溇港景区（引自吴兴区人民政府网站）

环境和生态，使涂涸成陆、洪涝可排，为农业开发创造了基本条件，同时也推动了航运及商贸的发展。圩田是中国古代农田水利的重要型式，溇港圩田在太湖流域具有历史文化和水利科技的代表性。太湖溇港成功申遗为湖州生态文明示范区和水生态文明试点城市建设、"五水共治"、美丽乡村和休闲旅游业发展等助力，具有重要的现实意义和突出的社会经济文化效益。

元明清时期太湖流域已经成为中国主要粮食产区和纺织品生产地，是供给北京和军队漕粮的主要输出地，是13世纪以后中国南方经济中心之一。

晋唐之后，北方士族纷纷南迁，吴兴一跃成为"东南望郡"。全国的经济重心也从关中和黄河流域转向江南，北宋太平兴国六年（981年）至宋仁宗年间（1023—1063年），太湖流域调往北方的漕粮，从300万石增加到800万石。宋室南渡后，出现中国历史上第三次人口大迁移，"四方之民云集江浙，百倍常时。"南宋朝廷"全借苏、湖、常、秀数郡之米，以为军国之用"。至明清时期，浙西湖州和苏南一带已成为全国稻作、蚕桑、渔业和丝织业的中心，太湖流域的税赋负担也日益加重。"东南之利，莫大于罗、绮、绢、贮，而三吴为最。""明弘治十八年（1505年）前，湖州府每年征收的正粮不独重于宁、绍等府，而且重于杭嘉二府矣……嘉湖二府起运之数有杭绍等九府三分之二。"明代湖州设"漕舟六十艘、运军六百六十名"，专门负责漕运。清同治二年（1863年），福建道御史丁寿昌等人的奏折中称："漕粮一项，以江浙两省为大宗，而江浙之漕，以苏、松、镇、太、杭、嘉、湖为尤重。以前全漕四百余万石，而江浙两省几及三百万石，居天下漕粮四分之三"。

2004年，湖州市粮食总产量87.48万吨，主要集中在溇港区域。目前湖州市太湖溇港的农田灌溉面积约42万亩（2.8万公顷）。除水稻种植之外，全市还基本形成了特种水产、竹笋、名茶、瓜果、油菜籽五大生产区和特种水产种苗、瓜菜种子种苗、花卉苗木等三大农业科技示范园区。

太湖的三大源流苕溪、荆溪和长兴（合溪）水系发源于天目山区和茅山的丘陵地区，具有山溪性河流源短流急的水文特征，其地表径流的70%～90%均注入太湖。古代人民创造的溇港圩田，在苕溪、荆溪的尾闾，采取横塘纵浦（溇）的布置，急流缓受，是顺应自然、巧借天力的产物。主要有五个特点。

一是充分运用东、西苕溪中下游地区众多湖漾，进行级级调蓄，起到"急流缓受"的作用，以消杀水势。

二是通过人工开凿的东西向河道，如頔（荻）塘、北横塘、南横塘等，使"上源下委递相容泄"，使东、西苕溪和东部平原的洪水，经吴兴的39条溇港分散流入太湖。

三是以自然圩为主体，修筑"溇塘小圩"，使原有河网水系基本不受破坏，发挥河网水系的调蓄、行洪和自我修复功能。

四是合理布局，人工河道与自然河流紧密衔接，具有较好的连续性，保持流势、流态的稳定。頔（荻）

塘以北的溇港，除大钱港外，河长均在 3 千米以下，既有利于航运，又有利于东部平原洪水尽快入湖。清代凌介禧在《东南水利略》中说："其南来之水自南塘分入运河水口，凡四十有奇。""塘泄水之口，即北入太湖，凡四十有奇。"由此可见，基本实现了一对一的连接。

五是溇塘布设疏密有度。吴兴境内溇港间距平均仅 725 米，除宣泄东、西苕溪洪峰主流的大钱、小梅和计家港（后淤废）外，吴兴溇港的底宽一般为 1 ~ 2.7 米，并且均在沿湖口门设闸。吴兴溇港的尺度较小，因而开挖、疏浚相对容易，同时也有利于圩田疏干积水，以实现圩田引、排、灌、降等多种功能。

现如今，太湖溇港的排水面积约 4.4 万公顷，每年汛期 6—9 月，溇港水系的功能以排水为主。

在发展过程中，太湖溇港圩田还衍生了循环经济、生态农业的典范，即"桑基渔塘"和"桑基圩田"，不仅粮食稳产高产，而且具有高效农业、集约农业、精细农业、特色农业的特征。北宋时期，两浙路的绢、细分别占全国产量的 36.3% 和 26.5%，而丝锦则占全国产量的 68.2%。吴兴地区的农民除了农业生产外，还养鱼、培桑、育蚕，使太湖溇港圩田成为经济持续发展的基础，"鱼米之乡""丝绸之府""财赋之区"得以形成。据统计，截至 2000 年，湖州地区堤塘种桑的长度达 4576 千米，约占圩堤总长的 61%；水田面积 174.1 万亩，占耕地总面积的 89%；池塘养鱼面积达到 15.17 万亩，年均亩产达 512.6 千克。养蚕、养鱼技术和经济效益在国内处于领先地位，是浙江省和全国的粮食、蚕茧、

小贴士

桑基鱼塘

桑基鱼塘，是我国东、南部水网地区人民在水土资源利用方面创造的一种传统复合型农业生产模式。将水网洼地挖深成为池塘，挖出的泥在水塘的四周堆成高基，基上种桑，塘中养鱼，桑叶用来养蚕，蚕的排泄物用以喂鱼，而鱼塘中的淤泥又可用来肥桑，通过这样的循环利用，取得了"两利俱全，十倍禾稼"的经济效益。

淡水鱼、毛竹的主要产区和重要生产基地。菱湖区是全国三大淡水鱼养殖基地之一。

现如今，结合太湖水环境治理，南太湖溇港圩田系统不仅继续发挥着水利蓄排和农耕灌溉的作用，还是滨湖生态环境涵养区重要的组成部分，有着重要的历史和现实意义。

第十一章

传承千年的家族工程：槎滩陂

▲ 槎滩陂世界灌溉工程遗产标识碑

江西吉安槎滩陂（简称"槎滩陂"）位于江西省吉安市泰和县禾市镇槎滩村畔，创建于南唐（937—975 年），已有1000 余年的历史，经过历朝维修，至今仍在发挥着引水灌溉效益。不仅是泰和县及吉泰盆地最为著名的历史水利工程，也是江西省最重要的农田水利工程之一。该陂横遏赣江二级支流——牛吼江水（也称灉水），将其部分水源改道东流，干渠流长约1.5 千米，于石山乡三派村江口注入禾水后流入赣江。主要灌注今泰和县螺溪镇、禾市镇、石山乡和吉安县永阳镇四个乡镇的农田，目前灌溉村庄约200 个、灌溉面积达5 万余亩。2013 年，槎滩陂被列为全国重点文物保护单位。2016 年入选第三批世界灌溉工程遗产。

◎ 第一节 遗产的由来：周氏创建，民众共享

▲ 明万历年间重修的周氏族谱中的周矩画像

据历史文献记载，槎滩陂最早是由螺溪镇爵誉村周氏始祖周矩创建。周矩原为金陵（今南京）人，后唐天成年间进士，金陵监察御史，在929 年前后为避战乱，由金陵迁居今泰和县螺溪镇爵誉村。他寓居农村，体察民情，深知当地大片农田常受旱欠收，群众生活窘迫，迫切需要兴修水利。经过多年审慎考察，于937 年在牛吼江上游的槎滩村畔，用木桩定位，以竹片、篾条围绕木桩编织围笼，中实穷土，筑造长百余丈、高两市尺的槎滩陂，横遏江面，截水引流。又在渠道下游3.5 千米位置修建减水小陂，名碉石陂。陂成之后，开挖渠道36 条，灌溉罗溪、

禾市两乡农田六百顷亩，使经常受旱欠收的薄田，变成旱涝保收的良田。

关于槎滩陂的修筑经过，可以从周矩的五世孙周中和于宋皇祐四年（1052年）撰写的《槎滩碉石二陂山田记》（简称"山田记"）得出一个概要，其他关于槎滩陂的文字，都是转述这篇文字。

▲ 槎滩陂

《槎滩碉石二陂山田记》：里之有槎滩、碉石二陂，自余周之先御史矩公创始也。公本金陵人，避唐末之乱，因子婿杨大中谏守庐陵，卜居泰和之万岁乡。然里地高燥，力田之人，岁罔有秋，公为创楚，于是据早禾江之上流，以木桩、竹条压为大陂，横遏江水，开洪旁注，故名槎滩。陂下仅七里许又伐石筑减水小陂，渚蓄水道，俾无泛溢，穴其水而时出之，故名碉石。乃税陂近之地，决渠导流，析为三十六支，灌溉高行、万岁两乡九都稻田六百顷亩，流逮三派江口，汇而入江。自近徂远，其源不竭，昔凡硗确之区，至是皆沃壤矣。既而虑桩条之不继也，则买磻口之桩山暨洪冈寨下之篆山，岁收桩木三百七十株、茶叶七十斤、竹条二百四十余担，所以资修陂之费，而不伤人之财。二世祖仆射羡公以先公之为犹未备也，又增买永新县刘简公早田三十六亩，陆地五亩，鱼塘三口，佃人七户，岁收子粒，赡以给修陂之食，而不劳人之饷。先是山田之人，皆吾宗收掌支给，由唐迄今，靡有懈弛。至天禧间，祖德重兴，一时昆弟皆滥列官爵，不遑家食。前之山、地、田、塘，悉以嘱有地诸子姓理之，供赋赡陂，岁有常数，凶岁不至于不足，乐岁之羡余则以偿事事者之劳，斯固谨始虑终图惟

175

小贴士

陂产

陂产，古代为了解决水利工程岁修所需材料和费用的相关产业，为公有制，陂产所产均用于工程岁修之用，不足者受益用水户摊派。《山田记》记载的内容主要是申明了槎滩陂在建设之初以及后续为维持岁修之费而多次购买田地、山林和鱼塘等陂产，该陂产是公共财产，不能被私自侵占。

永久云。虽然传有之曰："善思可继，凡以励后世也。"先公之善，不特一乡而已。为子孙者，当上念祖宗之勤，而不起忿争之衅。均受陂水之利，而不得专利于一家。宁待食德之报，而不必食田之获。惟知视其成毁而不得经其出入，苟或侵圮不治者，亟修葺治之；侵渔不轨者，疾攻击之。如此则孝思不匮，先公之惠流无穷矣。余叨承余泽，未增式廓，切抱痛恨，谨记其事并刻画田图于石，庶几逭不孝之罪，抑以慰先公于地下。碑树于三派僧院，俾僧人世守焉。噫！住常者，尚冀不没人之善也。皇祐四年冬十月之吉，太常博士前知英州事嗣孙中和拜撰并书。

从《山田记》碑文中可以看出，早期的槎滩陂的建设方式是在河床中打入木桩，木桩之间编入毛竹，每年都需要重修。槎滩陂的这种竹木结构一直使用到元末明初。明洪武年间，朱元璋重视水利农业的发展，举国兴修水利。在此背景下，中央政府出资采用条石重修了槎滩陂，大大改善了原有竹木结构容易被冲毁的状况。

新中国成立后，槎滩陂水利工程由泰和县水务局槎滩陂水管会负责保护、管理、维护。1952年，新开南干渠，对滚水坝进行加高加固，并拓宽挖深原渠道，主坝设7米宽的筏道，副坝设两孔排砂闸，引水流量增到6米³/秒，此次加高加宽延伸渠道31千米，合计新增灌溉面积约1.67万亩。1965年，在今螺溪乡秋岭村马观庙兴建内径1.1米、长130米的倒虹吸管，引水过沺水，灌溉范围覆盖江北和吉安县永阳农田，灌溉农田600亩；同时翻修加固滚水坝、溢洪堰、筏道，新建分水鱼嘴、进水闸、节制堰各1座；新建泄水、分水、铁水闸共30座，

▲ 槎滩陂巨大条石

合计新增灌溉面积 1.63 万亩，使灌溉面积达到 4.2 万亩；同年年底新建石山干渠，将灌溉尾渠延伸至石山乡，新建隧道洞 1 座、渡槽 1 座，灌溉面积增至 5 万亩左右。1983 年冬，为防止水流对坝体长期冲刷造成毁坏，在陂坝表层增设混凝土保护层，并对高陂坝进行加固加高，对筏道、排砂闸干渠进行了维修。槎滩陂坝体至今仍保留 1983 年修缮后的面貌。

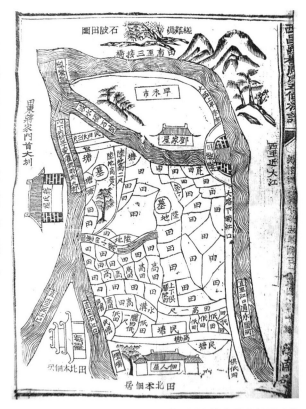

▲ 明万历重修的爵誉村周氏族谱里面的槎滩碉石陂田图

◎ 第二节 工程组成：可引可泄，导水入田

一、工程布局

一个完整的灌溉工程必然包括水源工程（引水工程）和输配（排）水工程，槎滩陂灌区同样如此。槎滩陂的大坝是整个体系的水源工程，它拦截牛吼江，将水流导入总干渠。干渠下游 3.5 千米处有一座碉石陂，多余的水可以通过碉石陂排回牛吼江，干渠上分布着众多的抬水堰，堰上设闸，控制各个

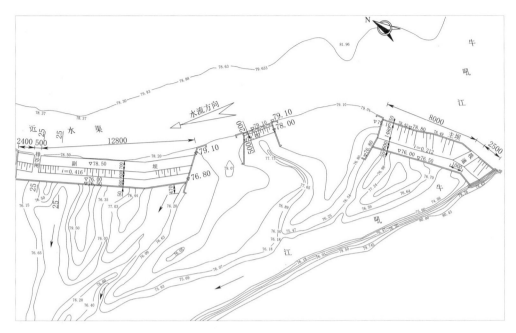

▲ 槎滩陂大坝主、副坝平面布置图（单位：米）

支渠的引水，最后通过支渠、斗渠等各级区域将水输送到这片耕耘千年的农田。由于1983年重修槎滩陂时对陂体进行了混凝土包裹加固，坝体的防洪能力得到了很大提高，并新建了进水闸，可以自由控制引水流量，因此，下游的碉石陂废弃拆除，干渠上的抬水堰也被节制闸所代替。

现状槎滩陂坝总长407米（含沙洲），坝顶宽7米，坝脚宽18米，平均坝高4米，最大坝高4.7米。主坝坝长105米，筏道7米，副坝坝长177米，两孔排砂闸，灌溉渠有南、北干渠和石山干渠，总长约35千米。有倒虹吸管1座，隧洞1座，大小渡槽246座，分水闸17座，节制闸3座。

二、周边遗产：祠堂，碑刻，墓葬

作为一座持续运行1000多年的水利工程，槎滩陂在发展过程中也催生了丰富的附属产物，槎滩陂和这些附属物及其所处自然环境共同构成了一个完整的工程体系。槎滩陂除了其主体工程，还包括所处的人文自然环境、文化遗存等文化遗产，从而与槎滩陂的本体构成完整的内涵。

正是槎滩陂的水利功能，养育了众多人口，围绕槎滩陂形成以周、李、蒋、胡、萧五大家族为代表的宗族文化。这里的宗族文物及文化主要指祠堂、族谱、墓葬及纪念碑刻。

1. 古祠堂

祠堂作为祭祀先祖的场所，是家族的神殿，也是家族文化的陈列馆。槎滩陂流域保存较好的祠堂是位于爵誉村的周氏祠堂"久大堂"，始建于明崇祯年间，是一座三进式砖木建筑，长 41 米，前宽 27.7 米，后宽 11.3 米，栋高 11.5 米，二进院有两口天井，为纪念周矩公而建，内有以周矩为一世的列祖列宗神主牌，祠堂内前厅悬挂有 8 块历代官宦赐封的牌匾和木刻对联两幅，具有丰富的历史文化内涵。祠堂前厅右壁上，嵌存着《槎滩、碉石二陂山田记》碑刻，左壁上则刻着《吐纳文约》。这座气势宏伟的祠堂，仿佛在重现周氏家族往日的辉煌和荣誉。此外，周氏祠堂所在的爵誉村从明清时期以来，格局就基本没有变化，布局以宗祠为中心向四周延展。灌区内目前保存完好的古祠堂有 70 栋，其中包括始建于宋朝靖康

▲ 周氏宗祠久大堂及塘前风水池

至绍兴年间的康氏祠堂"孝德堂"、康氏支祠"复古堂""宝浩堂""敦叙堂"，同"久大堂"一同构成爵誉村古祠文化体系，无声讲述着槎滩陂流域宗族变迁的历史。

周氏宗祠，祠堂正面设有三道大门，顶为连弧成波浪形，门面墙上立有对联和黄庭坚手书"儒学坊"，门前一大块空地，前有水塘，十分壮观，它是距今为止保护较为完整的一座古建筑。

▲ 镶嵌在爵誉村周氏宗祠墙壁上的《山田记》宋代原碑

2.古碑刻

历朝历代的人们都善用碑刻作为一种原始记录，古碑刻可谓是具有独特性的文化载体。槎滩陂附属的古碑刻包括"嘉靖十三年蒋氏重修"条石、"甲午严莊蒋重修"条石、"乾隆庚戌重修"（1790年）条石和《槎滩碉石二陂山田记》旧碑，现均保存良好。《槎滩碉石二陂山田记》现保存于爵誉村周家祠堂，此碑刻为北宋皇祐四年（1052年）为槎滩陂添买山田、土地的石碑刻，岩石质，宽0.57米，高2米，厚0.09米，碑上端刻有太阳和太阳光芒的图案，中部刻有碑文，下端刻有水利设施平面图，大部分字迹都较为清晰。此碑文记载介绍了槎滩陂的始筑者周矩兴修水利造福乡民的事迹，以及当时槎滩陂水利工程的维修情况及灌区管理措施，是一块十分珍贵的古碑刻。这些具有历史沧桑感的古碑刻，间接又生动地向后人陈述了当时槎滩陂的发展概况，见证了槎滩陂从始建到一步步完善的历史过程。

3.周矩墓

周矩墓为合葬墓，坐落在泰和县螺溪乡爵誉村委，坐南朝北，占地约 400 米^2，墓高 2 米，墓面宽 8.7 米，墓的左、右长约 37 米，后宽 11 米许，上端呈三连弧形，建有三合土夯筑围墙。墓前约 100 米^2 的空地，呈三级拜台，前方有水塘、农田，周围青山绿水玉带式环绕。周矩墓是一座历史名人的古墓，因原墓碑已失，1966 年泰和县水利局捐资

▲ 周矩墓

新立了一块墓碑并特别将墓面粉刷一新，以纪念表彰周矩的丰功伟绩。墓面两边新立对联一副，上联为："创槎滩碉石二陂千秋歌颂大德"；下联为："衍学士仆射两派万代仰承高风"，以表崇敬之情。周矩墓的存在，对研究古代水利建设的建筑工艺技术提供了珍贵的实物资料，具有重要的历史文化价值。

4. 自然环境

槎滩陂之所以能流传至今依然发挥其灌溉功能，离不开其优越的地理自然环境。同时，由于槎滩陂灌溉作用的持续发挥，也影响了区域自然环境的演变。槎滩陂所在的螺溪镇爵誉村人文历史源远流长，是著名的千年古村，有山、有水、有林、有田，林木葱郁，水绿相映，山水相融。所谓人的命脉在于田，田的命脉在于水，水的命脉在于山，四者相映相成，足以影响一个地区的自然生态环境。槎滩陂就是一个典型的实例，爵誉村村前武山巍峨，地势开阔平坦，阡陌纵横交错，

▲ 灌区良田

沃野千顷，槎滩陂水由南而北缓缓流去；槎滩、碉石二陂坐落于泥水支流牛吼江上，牛吼江因其水势落差大，水流湍急，声如牛吼而得名。槎滩陂将牛吼江的江水分流，引水自西向东依次流经现今的禾市镇、螺溪镇和石山乡，在三派村汇入禾水然后流入赣江。牛吼江流经山脉，蜿蜒曲折，江水清澈，四季长流，为槎滩陂的发展与传承提供了良好的自然禀赋。

◎ 第三节 遗产价值：因势利导，管理有序的代表

千余年来，槎滩陂水利系统历经多次维修，促进了土地开发和人口繁衍，成为当地经济社会赖以发展的重要基础，改善了当地居民的生态环境，具有深厚的历史文化科技、生态价值。

槎滩陂的创建，对吉泰盆地产生了深刻的影响。槎滩陂水利系统的修建，极大地改善了当地的农业生产环境，原来的许多"高阜之田"变成了肥沃之

▲ 槎滩陂渠首鸟瞰

地，这促进了流域区内土地的开发，成为"鱼米之乡"。而流域区地处吉泰盆地的腹心区，从而也带动了吉泰盆地的开发，使得其在宋代之后成为江西的重要产粮区。水利农业的发展促进了人口的迁徙和繁衍，在槎滩陂创建之前，当地的村落并不是很多，宗族人口也比较少。其中许多姓氏族群如梁、蒋、萧、胡、康、张等都是在槎滩陂创建后从外地迁移过来的，随着时代的变迁，特别是由于槎滩陂的修建对当地农业生产环境的改善，流域区内各宗族得到很大的发展，随着宗族人口的不断迁入，到元明时期才开始成为拥有许多房支及村落的大姓宗族。同时，土地的开发和农业生产条件的改善，也促进了当地"务农业儒"之风的盛行，推动了科举的发展和兴盛，成为"庐陵文化"的核心区。当地家族繁衍兴盛，科举人才辈出。据统计，仅爵誉村历代就有进士 42 人，宋仁宗赞之为"爵崇誉隆"，爵誉村名由此而来。

　　槎滩陂水利系统演变体现了当地社会开发的进程，也是吉泰盆地开发和发展的缩影，具有"在水利中看出中国社会历史"的意义，具有深厚的历史文化价值。通过槎滩陂的发展变迁，为后世提供一个清晰透视地方宗族发展与国家及地方社会互动关系的窗口。不同阶段，国家对槎滩陂纠纷的处理方式，在很大程度上是中央和地方社会关系的一个缩影。仔细研究围绕槎滩陂产生的纠纷和处理方式，能够透视我国不同时期国家和地方的关系。

受生产力及建筑材料的限制，历史时期修筑拦河堰坝的最大难点是如何抵御更大强度的洪水，尽可能延长堰坝的生命周期，同时还得保证干旱枯水季节的引水量。槎滩陂的科学价值主要体现在如何通过合理的坝体选址以及科学的系统工程规划，解决了以上两方面的问题，保证工程的千年不败。

知识拓展

槎滩陂选址解析

槎滩陂拦河坝位于牛吼江出山后大角度转向的位置，引导主泓顺势进入渠道，枯水期也能保证灌渠引水量，可以降低筑坝高度，同时也减轻了水流对坝体的冲击压力，且此地河床坚硬、河面宽阔、水流较缓，适合筑坝。借助自然形成的江心洲，连接主坝与副坝，使得大坝总长度达到407米，坝身越长，其泄流能力越大，越能抵御更高频率的洪水。此处的水流能产生弯道环流的效果，洪水时期较大的推移质可以翻越大坝，坝前泥沙淤积少，几乎不用"淘滩"，对坝基的危害较小，因而保护了坝基的安全，延长了其使用寿命。综合看来，槎滩陂大坝的选址可以称得上绝妙。

宋初周矩建造的槎滩陂实行的是筑坝分水、开渠灌溉的形式，所使用的工程材料都是就地取材，用附近山上的竹木及条石等作为筑陂材料，并在陂坝高度、选址、灌溉、防洪等方面充分遵循了利用自然又不造成自然环境恶化的思路理念，构建并长期维护了流域区灌溉与航运、防洪与蓄水、水资源与土地等关系的良性发展。这为当前人类社会面临生态矛盾日益突出，如何实现人与自然和谐友好、推动经济社会可持续发展之路提供了重要的借鉴和启示，也是古代"天人合一"实践的一次例证，展示了古人的智慧和生态理念。其实践是"人水和谐"的科学治水理念以及"可持续发展"的社会发展观念的最好例证。

小贴士

槎滩陂工程体系

《山田记》中记载，"陂下仅七里许又伐石筑减水小陂，潴蓄水道，俾无泛溢，穴其水而时出之，故名碉石"。可见槎滩陂、碉石陂在创建之初就是一个系统工程，槎滩陂主蓄、碉石陂主泄。槎滩陂的"堵"是为了引水灌溉，而碉石陂的"泄"就体现了在洪水治理中的"疏导"理念。槎滩陂引水口有利的引水条件可以把更多的洪水引入渠道，之后再由碉石陂排入牛吼江，这样也极大地减轻了槎滩陂大坝的过流压力。

▲ 槎滩陂航拍图

◎ 第四节 灌溉管理

槎滩陂具有与时俱进的科学运行管理方式。工程建成之初，周氏家族就明确规定槎滩陂为两乡九村之公陂，不得专利于周氏。这一认识符合水利工程是公共工程的基本规律。槎滩陂的管理，开始阶段由周氏家族掌控，周氏家族建立了一套比较完善的管理制度和维修制度，有家族人员专门管理，并有专门的经费来源，《槎滩碉石二陂山田记》明确记载周氏家族购置山、田和池塘等产业来筹集岁修费用，解决了工程岁修的资金问题。但是在用水方面，周氏家族并没有独自霸占，整个灌区的民众都享有灌溉的权利，体现了"共同受益"的原则。

随着王朝更替和时代变迁，到宋代末期，周氏家族的控制权逐渐变弱，发生陂产被占的情况，周氏家族放弃了对槎滩陂独自拥有的权利，联合另外四大家族，诉之于官府，并在官方的支持下制定了《五彩文约》，规定了五大宗族成员轮流担任陂长，对槎滩陂进行共同维护和管理。《五彩文约》的制定，标志着槎滩陂灌溉工程管理形式发生重大变化，由过去的单一家族管理转变为多姓宗族联合管理的形式。同时，文约也规定了天旱年份用水户需出力解决槎滩陂主坝渗漏的制度，规定了用水人户要

▲ 族谱中的《五彩文约》

交纳水费，收入归公有，对贪污者要告官论罚，管理手段更科学有效。

在这其中，官方所扮演的只是一种象征性的角色。官约只是一种形式，是五姓宗族为取得官方认同，从而取得对陂产及槎滩陂灌溉工程的合法地位。这种"官助民办"的管理制度可以较为有效地解决日益突出的用水矛盾，提高槎滩陂的管理水平。元至正元年（1341年）成立了由陂长负责、各灌溉大户轮流执政的管理机构，有效地调动了用水户的积极性，保证了槎滩陂的岁修经费和正常运行。1938年重修槎滩陂工程时，由政府批准成立了专门的重修槎滩陂委员会，委员会成员除五大姓氏宗族外，其他受益民众也都参与其中，维修完毕之后，为确保水利设施正常运转，政府参考当地士绅的建议，在泰和县政府1939年县令中，批准成立了一个非营利性组织，即槎滩陂管理委员会。规定了营运管理的主要规则，设委员11人，由受益民众选举产生，初步形成了较为成熟的社团管理制度。槎滩陂现在由泰和县槎滩陂水渠管理委员会负责日常的管理和维护。

周矩及其后裔对槎滩陂的以人为本的管理体制无疑具有先进性和前瞻性，他们的成功经验是宝贵的财富，其与时俱进的先进管理体制是槎滩陂使用千年，至今还灌溉农田5万余亩的重要保证。

第十二章 造就天府之国：都江堰

都江堰位于四川省成都市都江堰市，岷江上游，始建于秦昭王末年（约公元前256—前251年），是蜀郡太守李冰主持兴建的大型水利工程，2200多年来一直发挥着灌溉、防洪、排水、水运的作用，使成都平原成为水旱从人、不知饥馑、沃野千里的"天府之国"，至今灌溉面积超千万亩，是典型的无坝引水大型水利工程。

都江堰水利工程体系营造了成都平原河流纵横、池塘湖沼密布的水网体系。从鱼嘴分水开始，在历史上均依靠竹笼、木桩修筑的导流堤与溢流堰控制水量，没有一处闸门，却让岷江水经过一道道堰分派别流，经过田间地头、房前屋后。这一延续2200多年的灌溉工程代表了古代中国水利工程的卓越技术成就。

▲ 都江堰水利工程

◎ 第一节 遗产的由来：几番修建终成堰

公元前 256 年蜀郡太守李冰兴建都江堰，通过筑建鱼嘴、开凿宝瓶口将岷江水引入平原腹地。公元 662 年飞沙堰建成，标志着都江堰渠首的三大主体工程布局的成型。

战国末年，都江堰的创建为岷江水利的发展打下良好的根基。

西汉以来，都江堰发展迅速，渠首工程逐步完善，灌溉呈扇形辐射整个成都平原，主要灌溉成都平原三郡（蜀郡、广汉郡和犍为郡）。以农业为主的经济发展方式得到迅速发展，奠定成都平原在中国西南政治、文化、经济的中心地位。

▲ 都江堰渠首三大主体工程布局示意

三国至后唐五代十国，成都五次成为割据政权的中心，与动乱的中原相比，富庶的成都平原充满勃勃生机，灌区发展到 12 个县，由此，成都平原享有"天府之国"的美誉。

两宋时期，辽金入侵，作为宋代战略后方的成都平原，大批蜀货或水运南下岷江经长江转运东南，或陆运北出剑门越秦岭到达西北，成都平原上都江堰河渠水系几乎都是通航水道。都江堰灌区灌溉成都府及蜀、彭、绵、汉、邛 5 州，共有 20 县约 43 万户人，灌溉面积超 1000 万亩。

宋末元初和明末清初曾发生两次战争，使富庶的成都平原变成荒无人烟的废墟，都江堰堤崩岸毁，河渠淤塞。元、明、清政权巩固后，重视修复都江堰，但灌溉面积没有扩大。

民国时期，曾三次大修都江堰，鱼嘴西移约10米，采用水泥浆条石结构修筑并取得成功，渠首工程沿用至今。抗日战争期间，都江堰灌区为抗日前线军需提供了支撑。这一时期，都江堰灌区灌溉面积基本稳定，灌溉成都平原14个县的282万亩农田。

1949年至今，随着灌区灌溉面积不断增加，都江堰进行了大规模改造，为增加内江引水量，1974年建成临时引水闸，灌溉面积扩大至400万亩。1992年修建工业引水闸，辅助工程百丈堤、二王庙顺埝、人字堤溢洪道等，随后又修建内江仰天窝闸群、走江闸、蒲柏闸、工业引水暗渠、外江沙黑河闸、小罗堰闸、漏沙堰等设施，随着引水规模的增加，灌溉面积已发展到了现在的7市38个县1065万亩。

都江堰建成后，成都平原既有稳定的灌溉水源支持，又有通畅的洪水通道，稳定的水源、优越的自流灌溉模式与成都平原的优质土壤相结合，使成都平原的农业生产迅速发展，在极短时间内就成为了巨大粮仓。

都江堰创建之前，蜀国都城屡遭遇洪涝灾害，自秦昭王末年，李冰"开二江成都之中"后，沟通了成都平原水系与岷江的水路，贯穿成都平原的水网渠系极大地改善了区域水生态环境，西蜀大地在都江堰的润泽下，林竹修茂、河流纵横、湖泊星罗、堰塘棋布，呈现出"水绿天青不起尘，风光和暖胜三秦"的美丽景象。自唐以后，历代先后修建的摩诃池、金水河、御河、府河、磨底河、清水河等使得成都平原水系更加发达，生态环境日益优美。

◎ 第二节 渠首工程惠平原

　　都江堰水利工程体系是由渠首枢纽、灌区各级引水渠道、塘堰和农田等所构成的工程体系。渠首枢纽主要由鱼嘴分水堤、飞沙堰溢洪道、宝瓶口进水口三大部分和百丈堤、人字堤等附属工程构成，是都江堰的引水枢纽，充分利用了岷江河道地形和河势，科学地解决了江水分流、排沙、控制进水流量和泄洪等问题，以最少的工程设施取得了多方面的效益。

　　渠首工程一直在改进和完善，见证了都江堰水利可持续发展的历史。渠首鱼嘴以下，分为内、外江两大水系，包括6条主干渠，分别是内江的蒲阳河、柏条河、走马河、江安河和外江的沙沟河、黑石河。干渠以下通过鱼嘴或堤堰形成错综复杂的成都平原水网体系。灌区现有干渠及分干渠111条，长3664千米；万亩以上的支渠260条，长3234千米；支渠以下的末级渠道34000余千米。

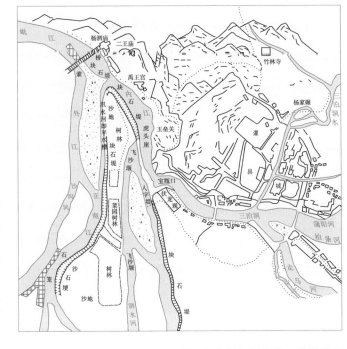

▲ 1910年的都江堰水利工程渠首枢纽（引自谭徐明《都江堰史》）

193

知识拓展

都江堰渠首枢纽工程

鱼嘴分水工程

鱼嘴是利用河中沙洲作基础，加以人工筑堤而成，是渠首枢纽的控制点，决定了渠首各工程设施的布置。由于进水口上游的岷江东岸有玉垒山，使得地势东高西低，枯水期的江水难以向东流，无法灌溉成都平原。为解决上述问题，沿着留在江心的离堆，向上游方向修筑金刚堤，金刚堤迎着上游江水的头部，称为鱼嘴。从鱼嘴到离堆之间的金刚堤，把岷江分为外江和内江两部分，西边原有岷江河道，称作外江；东边河道，称作内江。

▲ 鱼嘴

飞沙堰排沙工程

飞沙堰在金刚堤最靠近离堆的地方，留出的一段凹槽。由于宝瓶口很狭窄，丰水季节，内江

水位涨高，修建飞沙堰后，内江高出来的水全部
从飞沙堰漫回外江，有效地避免丰水期因水量过
大而淹没成都平原。洪水越大，飞沙堰行洪排沙
能力越强，泄洪时，飞沙堰可将进入内江的大部
分泥沙排出去。

▲ 飞沙堰

宝瓶口引水工程

宝瓶口是一个梯形引水口，因形似瓶口而功
能奇特，故名宝瓶口。宝瓶口起"节制闸"作用，
能自动控制内江进水量。宝瓶口建成之后，岷江
被一分为二，一部分江水就可以向东自流灌溉成
都平原。

▲ 宝瓶口

◎ 第三节 工程与宗教文化完美融汇

▲ 李冰像

李冰受到岷江流域人们的崇拜与敬仰，这是我国传统文化的重要组成部分。都江堰的持续运用，衍生出丰富的灌溉文化。3世纪时东汉王朝为鼓励农耕，将李冰作为水神列入国家祀典，在岷江左岸修建了李冰祠，从此李冰成为蜀地人民世代祭祀的水神。10世纪以后水神庙演变成道教场所，李冰祠改为祭祀李冰和道教二郎神的二王庙。都江堰的管理依靠宗教架起了灌区水管理中官方与民间沟通的桥梁。

二王庙位于岷江右岸的山坡上，前临都江堰，原为纪念蜀王的望帝祠，齐建武（494—498年）时改祀李冰父子，更名为"崇德祠"。宋代（960—1279年）以后，李冰父子相继被皇帝敕封为王，故而后人称之为"二王庙"。庙内主殿分别供奉有李冰父子的塑像，并珍藏有治水名言、诗人碑刻等。二王庙是清代都江堰堰工会议的场所，从省到灌区各县的政府官员在这里商讨水务，解决用水纠纷。

伏龙观又名老王庙、李公祠、李公庙等，现位于离堆公园内。其下临深潭，传说李冰父子治水时曾在离堆之下降伏孽龙，故于北宋初年改祀李冰，取名"伏龙观"。东汉《风俗通》中有记载李冰与江神相斗时的场景，"径至神祠，对神酒"，李冰祠也是都江堰水利工程渠首中最早有文字记载的神祠。

李冰作为水神被载入国家祀典、享有官祭地位

始于宋代。南宋淳熙时元年（1174年），
道教将祭祀李冰父子的宗教仪式放在都
江堰岁修后的开堰时，由此演变成了由
官方主持、每年一度的祭祀李冰父子的
道教活动，世代沿袭成为具有宗教色彩
的民俗节日。清雍正五年（1727年），
封李冰为敷泽兴济通佑王，李二郎为承
绩广惠显英王，并令地方官春、秋致祭。
春、秋两祭，演变成了与都江堰岁修有
关的两个特定的日子，一是在春天岁修
完成后，砍杩槎放水，即所谓"开水节"；
二是在秋天下杩槎封堰停水之日。

▲ 伏龙观

▲ 开水节

◎ 第四节 天人合一、道法自然的治水理念

　　都江堰是我国古代"效益最好、历时最久"的
水利工程，由于其布局合理、设计巧妙、技术方法
运用得当、管理制度完善，历经2200多年仍持续
发挥作用，惠泽一方。正是得益于都江堰的润育，
成就了成都平原"天府之国"的美誉，奠定了成都
作为西南经济的中心地位。时至今日，古老的都江
堰仍焕发出勃勃生机，为成都平原可持续发展提供
水资源支撑。

　　都江堰蕴含"天人合一""道法自然"的哲学

深淘滩 低作堰 六字旨 千秋鉴
挖河沙 堆丁岸 砌鱼嘴 安羊圈
立湃阙 留漏罐 笼编密 石装健
分四六 平潦旱 水画符 铁桩见
岁勤修 预防患 遵旧制 毋擅变

知成都府事文焕书

大清光绪丙午季正月之吉旦

▲ 都江堰河工技术治水"三字经"碑文

理念，在设计建设上巧夺天工，浑然天成，与河流环境融为一体。采用无坝引水的工程型式，适应河流水文以及地形特点布置工程设施，就地取材的原材料及由此建筑的河工和水工构件，赋予了河道及滩地良好的生态功能，使成都平原的渠道具有天然河流的基本自然特性，工程运行2200多年来，不仅没有产生生态环境负面效应，反而促进了整个成都平原社会、经济、资源、生态环境的协调发展。

都江堰的设计建造虽然受当时的技术条件限制，但其采用无坝引水的形式、"四六分水"调控原则，在满足了人类对水资源开发利用需求的前提下，最大程度地减少了对生态环境的影响，保证了河流的生态流量和适宜的开发利用强度，维护了岷江下游良好的生态环境。

由都江堰而产生了具有强烈地域色彩的都江堰水文化，如治水"三字经"碑文、河工"八字诀"、"遇弯截角、逢正抽心"、"岁必一修"等治水原则和治水理念，体现了古人的治河智慧，为后人留下了宝贵的治河经验；都江堰与当地的自然景观与人文景观融为一体，成为人们观光浏览的胜地；由歌颂李冰父子而产生了祭水、祭神、祭人等文化活动，丰富了当地人民的文化生活。都江堰水文化的丰富内涵，反映在工程修建、维修、管理和发展的全过程,是人类社会发展的重要遗产之一。

都江堰千年不衰与广泛发动群众密不可分。在建设过程中,李冰得到了有治水经验的农民的帮助,并组织了数十万民工,开山凿石,修堰开渠,依靠人民的力量克服了施工中

▲ 河工"八字诀"

的种种困难。在灌区经营管理方面,形成了独特的"官堰民渠"经营管理体制,官民合作,共同受益。对都江堰的管理维护,历代治蜀者和灌区人民均高度重视。可以说,2200多年来,都江堰能一直发挥作用,政府与社会的共同努力是其重要保证。

第十三章

塞上江南：宁夏引黄古灌区

▲ 宁夏引黄古灌区鸟瞰

　　宁夏引黄古灌区位于黄河上游的河套地区，地处西北干旱半干旱过渡带，气候干燥，土壤肥沃，引黄灌溉成为促进区域农业经济发展的基本支撑。宁夏引黄古灌区始建于汉武帝时（前2世纪），是黄河上游历史最悠久、规模最大的引黄灌区。宁夏平原属游牧文化与农耕文化交错带、多民族聚居区，历史时期战略地位突出，持续的引黄灌溉和屯田农业开发为区域稳定和社会经济发展奠定基础，和长城一起共同见证了农耕与游牧文明冲突、交融发展的历史。

知识拓展

宁夏平原——"塞上江南"

宁夏平原又称银川平原，位于宁夏回族自治区中部黄河两岸。宁夏平原西南起自中卫市沙坡头，北止于石嘴山，宛如一条玉带，斜贯宁夏回族自治区北部。南北长约 320 千米，东西宽约 10～50 千米，总面积达 1 万千米^2。它是由黄河冲积而成的平原，地势平坦，土层深厚，引水方便，利于自流灌溉。宁夏平原是我国最古老的灌区之一，引黄河浇灌已有 2200 多年的历史。汉朝时，人们已把这里与当时全国最富庶的关中地区等量齐观。经历历代管理，这里渠道纵横，稻田遍及，有"塞上江南"之称。

◎ 第一节 遗产的由来：不断发展的千年古渠

据《史记》《汉书》等史书记载，宁夏平原在春秋战国时期（公元前 770—前 221 年）是"羌戎所居"的游牧地区，秦始皇统一六国后，北方的匈奴经常骚扰秦边境，秦始皇三十二年（公元前 215 年），将军蒙恬发兵三十万人，北击胡，略取黄河南部地区。秦始皇三十三年（公元前 214 年）又"西北斥逐匈奴，自榆中并河以东，属之阴山，以为三十四县，城河上为塞"，秦始皇三十七年（公元前210年）七月，秦始皇死后"诸侯叛秦，诸秦所徙适边者皆复去，于是匈奴得宽，复稍渡河南，与中国界于故塞"。

汉武帝元朔二年（公元前127年），大将军卫青、李息等"击胡之楼烦、白羊王于河南，得胡首虏数千，牛羊百余万，于是汉遂取河南地筑朔方，复缮故秦时蒙恬所为塞，因河而为固，并立朔方郡，募民徙者十万口，从事屯垦，以省转输"。汉武帝元狩四年（公元前119年）"关东大水，民多饥乏不能相救""乃徙贫民于关以西，及充朔方以南新秦中七十余万口"。汉武帝元鼎六年（公元前111年），"上郡、朔方、西河、河西开田官，斥塞卒六十万人戍田之一""是后匈奴远遁，而漠南无王庭，汉渡河自朔方以西至令居，往往通渠，置田官吏卒五六万人""朔方亦穿渠，作者数万人""用事者争言水利，朔方、河西、西河、酒泉皆引河及川谷以溉田"。

东汉时期，引黄灌溉在西汉开创形成的基础上进一步发展，到汉安帝时（107—125年），由于西羌强盛，骚扰边郡，战乱频仍，为避战祸，官吏、人民纷纷内迁，边塞空虚，水利废弛。汉顺帝时（125—144年），西羌北徙，边郡又趋安宁。汉永建四年（129年），尚书仆射虞诩请复北地、安定、上郡三郡疏曰："禹贡雍州之域，厥田惟上，且扫漕千里，谷稼殷积，……因渠以溉水舂河槽，用功省少，而军粮饶足"，"故孝武皇帝及光武帝筑朔方，开西河，置上郡皆为此也。书奏帝乃复三郡使谒者郭璜督促徙者各归本县，缮城郭，置候驿，既而激河浚渠为屯田，省内郡费，岁以亿计"。

东汉以后，历经三国和两晋 200 年间，该地为羌、匈奴和鲜卑等游牧民族占据，战乱频繁，到北魏统一中国北方后，水利事业又得复兴。太平真君五年（444 年），刁雍任薄骨律镇将，薄骨律镇是北魏六镇之一，也是一个富庶殷阗地区。四月末，其到任后见"官渠乏水，不得广殖"。于是上表请开艾山渠，遂在河西古高渠之北八里，沙洲分河之下五里处平地开凿新渠，北行四十里，复入于古高渠，再北行八十里，共长一百二十里。在西河（黄河支汊）上，由东南向西北斜筑拦河坝一道，将西

▲ 汉唐时期引黄古灌区渠系分布图

205

河断绝，"使西河之水尽入新渠，水则充足，溉官私田四万余顷"，另有薄骨律渠溉田一千余顷。

隋唐时期，唐元和十五年（820年）李听任灵盐节度使时，境内有"光禄渠，久厥废，听始复屯田，以省转饷，即引渠，溉塞下地千顷，后赖其饶"。唐长庆四年（824年），"秋七月辛酉，疏（又一说是开）灵州特进渠，置官田六百顷"，还开了御史渠和尚书渠，史载：唐时的渠道有薄骨律、七级、特进、光禄、汉、御史、尚书、胡、百家等。由于大兴水利，谷稼殷积，不烦禾矣之费，无复转输之艰，遂有"塞北江南"之誉。夏末元初，历经兵乱，渠道多淤塞失修，元世祖至元元年（1264年），河渠提举郭守敬随中书左丞张文谦行省西夏期间，对废坏淤浅的汉延、唐徕、秦家等渠予以修复，并"固旧谋新，更立插堰"。

明代实行军屯，明洪武三年（1370年）河州卫指挥使、兼领宁夏卫事的宁正"修筑汉唐旧渠，引河水灌田，开屯数万顷，兵食饶足"，明代还开了一些新渠，如卫宁灌区的"羚羊"三渠等。明嘉靖时（1522—1566年）已有正渠18条，全长700千米，灌溉农田面积10.4万公顷。

清代时期，除整修旧渠外，宁夏引黄古灌区还开了新渠，大清渠是清康熙四十七年（1708年）水利同知王全臣在原贺兰渠的基础上扩大延长而修成的。渠长36千米，引黄河水灌溉农田4380

▲ "九渠渠首"青铜峡水利枢纽工程

公顷，惠农渠、昌润渠是清雍正四年七月至清雍正七年五月（1726—1729 年）侍郎通智和单畴书奉旨开成的，惠农渠长 100 千米，灌溉农田超 18000 公顷；昌润渠长 68 千米，灌溉农田约 6800 公顷。当时直接由黄河开口引水的大小干渠有 23 条，全长 1000 多千米，灌溉农田 14 万公顷，创空前纪录。该地已成为"川辉原润千村聚，野绿禾青一望同"的秀丽富饶之区。

▲ 沙坡头水利枢纽工程

　　民国年间，宁夏引黄古灌区分为河东区、河西区和青铜峡上游的中卫区、中宁区，据 1936 年资料记载，共有支渠近 3000 条，干渠总长 1300 千米，共灌溉农田约 12 万公顷。1968 年建成的青铜峡水利枢纽和 2004 年竣工的沙坡头水利枢纽，将宁夏引黄古灌渠系统进行了整合与优化，进一步扩展了灌溉范围、提高了灌溉保证率。目前宁夏引黄古灌区包括卫宁灌区（河北、河南）、青铜峡灌区（河东、河西）以及由固海灌区、固海扩灌灌区、盐环定灌区、红寺堡灌区、陶乐及月牙湖等组成的扬黄灌区，灌区南北长 320 余千米，东西最宽 40 千米，沿黄河呈一狭长地带，区域总面积 12953 千米^2，引黄干渠 25 条，总长 2454 千米，总灌溉面积超 55 万公顷。

◎ 第二节 多样的遗产工程体系

宁夏引黄古灌区工程体系包括引黄灌溉渠系、排水沟系、闸坝涵等各类控制工程。历史上的引黄灌渠渠首基本都采用无坝引水型式，修建青铜峡水利枢纽和沙坡头水利枢纽之后，部分无坝引水古渠首废弃，转由水库引水，但渠系基本仍保留历史格局。目前宁夏引黄古灌区有干渠25条，总长2454千米，总引水能力750米³/秒，其中古渠道14条，包括秦渠、汉渠、唐徕渠、美利渠、惠农渠等，总长1224千米；灌区内排水干沟34条，总长1000千米，排水面积600万亩，总排水能力650米³/秒。渠上各类控制性水利工程9265座，其中干渠直开斗口5293座、干渠桥梁1865座、泵站474座、涵洞586座和其他各类建筑物1047座。

一、秦渠

秦渠，又名秦家渠，是河东灌区面积最大、建造最早的干渠。其创建年代相传始于秦。据文献记载，秦家渠之名，最早见于元大德七年（1303年）虞集《翰林学士承旨董公行状》："开唐徕、汉延、秦家等渠"。乾隆《大清一统志》卷二、四宁夏府记载："秦家渠，在灵州东，亦日秦渠，古渠也。"秦渠的维修整治始见于明代，后经历代整修

▲ 秦渠

渠口，复修码头，并于河堤上栽植树木、盘根固堤，保证渠道安全输水。现干渠全长 51.5 千米，其中砌护 13.8 千米。渠首由河东总干渠余家桥分水闸引水，最大流量 73 米³/ 秒，建筑物有进水闸、节制闸 11 座，涵洞 12 座，桥梁 34 座，跌水 1 座，渡槽 2 座，支、斗渠口 145 座，灌溉面积 25533 公顷。

二、汉渠

汉渠，又名汉延渠，是河东灌区的古干渠，始建于汉代。渠道部位高于秦渠。其前身可能是光禄渠。《读史方舆纪要》宁夏镇记载，光禄渠在所东（灵州守御千户所），志云："渠（光禄渠）在灵州，本汉时导河溉田处也"。明洪武时经过疏浚，灌溉农田约 4900 公顷，清康熙、乾隆年间，为解决渠口进水困难，曾多次疏浚并改移渠口于杨柳泉，距原渠口十华里，称十里长湃。现今汉渠由河东总干渠余家桥分水闸引水，过峡口，经巴浪湖农场，跨越山水沟，过郭家桥、杜木桥乡达杜家滩通水，全长 41 千米，已砌护 15.95 千米。最大进水流量 42 米³/ 秒。建筑物有涵洞 19 座，水闸 6 座，桥梁 22 座，渡槽 1 座，灌溉面积 13667 公顷。

▲ 汉渠

▲ 秦汉渠分水闸

▲ 唐徕渠大坝进水闸

▲ 唐徕渠

三、唐徕渠

唐徕渠，又名唐梁渠，习称唐渠，是河西灌区最大的一条渠道。其创建年代，据明万历《朔方新志》记载："唐徕渠亦汉故渠而复浚于唐者"。相传唐时对汉代旧渠曾加大疏浚延长并招徕垦种，遂名唐徕渠。唐徕渠整修疏浚从未间断。重大变化有明隆庆年间（1567—1572年）汪文辉于距渠口下10千米之唐坝堡建石正闸1座（6孔），退水闸2座，并定正闸入渠之水位，以五寸为一分，以十五分为限，此为建石闸之始。清雍正九年（1731年）侍郎通智于正闸梭墩尾及西门桥柱刻画分数，测量水位，兼察淤澄，又于渠底布埋准底石12块，使后来疏浚者有所遵循。现今唐徕渠由大坝引水，全长314千米，其中干渠长154.6千米，支干渠长159.4千米。最大引水流量152米³/秒。建筑物有退水闸28座，节制闸10座，涵洞52座，桥160座，渡槽11座，跌水3座，斗口744座。砌护渠道227.36千米，实际灌溉面积已超8万公顷。

四、美利渠

美利渠，原名蜘蛛渠，又名石渠，是卫宁灌区的主干渠。渠口位于县城西15千米处的沙坡头南侧，傍河堆砌石块迎水湃引黄河水。其创修年代，据明王业《美利渠记》、清乾隆《中卫县志》记载，志遗莫考，相传为元初董文用、郭守敬所开，名"蜘蛛渠"。后因渠岸不定，渠口淤塞，明嘉靖四十一年（1562年），宁夏抚军毛鹏，调征中卫丁夫于旧口以西六里，开凿新口，引水入渠，易名美利渠，后因泥沙淤积，不能受水。清康熙四十年（1701年）中卫副将袁铃役使民夫，在旧口上游开石坎，垒石痹，水始通流，至清康熙四十五年（1706年）西路同知高士铎又调集民夫重新开凿，加深三尺，广阔一丈，在南岸砌石洴，又延长渠口迎水跻一里许，同时在渠口下游迎水桥建进水闸及泄水闸各1座。美利渠自此又有"石渠"之称。现今美利渠总干渠及支干渠全长113千米，其中砌护41.93千米。总干渠设计引水能力50米^3/秒，灌溉面积约1.9万公顷。

五、惠农渠

惠农渠，是河西灌区的主干渠，始建于清雍正四年（1726年）七月。渠道由叶盛堡俞家嘴花家湾开口引水，至平罗县西河堡入西河，长100千米。渠成赐名"惠农"，俗称"皇渠"。在宁夏任春堡（今永宁县仁存乡）建进水石闸1座，即今正闸桥。在进口闸和通宁桥下埋设了"准底石"，作为渠底清淤的标准。在正闸上游建有平涛和永庆两座退水闸，沿渠建了永护、恒通、万全等退水闸，

▲ 惠农渠防渗砌护

并修建了一批陡斗、木桥和排水暗洞（涵洞）。沿河筑防洪堤 160 千米。由于黄河东西摆动，渠口曾改移于宁朔县林皋堡朱家河、汉坝堡刚家嘴与施家河。目前惠农渠由河西总干渠原唐三闸引水，全长 139 千米，有支干渠 3 条，长 90 千米。共建有桥涵闸槽等建筑物 699 座，实际灌溉面积 7.3 万公顷。

◎ 第三节 讲好"黄河文化"故事

宁夏因引黄古灌区而形成了宁夏特色的黄河文化。除了精妙的工程技术外，还体现在历代文人墨客留下的众多文学作品，杰出治水人物，亲水、惜水、敬水的观念和习俗，以及治水管水制度等方面。

宁夏引黄古灌区自秦汉时期已有军民屯垦、引河溉田的记载，从汉代的移民开发、规模开渠，北魏的筑坝引水、造船运粮，唐代的整修旧渠、增开新渠，西夏的举国修渠、从严治水，元代的因旧谋新、更立闸堰，明代的大力屯田、兴修石闸，到清代的盛世兴水、修筑皇渠，引黄灌溉历经沧桑变化却从未中断，生成、演绎和承载着宁夏治水历史的发展进程。《史记》《汉书》《资治通鉴》《后汉书》《魏书》《新唐书》《旧唐书》《宋史》《金史》《元史》《明史》《明实录》《弘治宁夏新志》《明万历朔方新志》《乾隆宁夏府志》等史书记载了宁夏引黄古灌区的历史发展脉络。西夏《天盛改旧新定律令》对水利工程维护、灌溉管理、奖罚等制定了一套科学、系统、严格的管理制度，从开渠、放水、岁修、派式、用料到违章处罚等皆有法可依，依法管水用水。这为我们挖掘和认识宁夏引黄古灌区灌溉工程发展史及其文化价值提供了理论依据。

唐代韦蟾《送卢潘尚书之灵武》中"贺兰山下园果成，塞北江南旧有名"描写的正是宁夏平原引黄灌溉。历代文人墨客留下了众多歌颂兴水利、除水患的作品，如《两坝重修》《汉渠春涨》《长渠流润》等200余首诗文，又如明代以来还留有《汉唐二坝记》《惠农渠碑记》《灵州河堤记》《中卫美利渠记》《大清渠碑记》等30余篇水利碑记，以及《白马拉缰》等30余篇水利传说轶事。这些作品是研究宁夏引黄灌溉历史文化的宝贵资料，也是黄河文化的重要组成部分。

在长期治水实践中，先民不但对宁夏引黄古灌区建设做出了重要贡献，同时也为后人留下了宝贵的精神文化财富。古渠系沿线的全国重点文物保护单位一百零八塔以及中卫祭河神、青铜峡喜牛舞、牛首山庙会、平罗燎疳节等非物质文化遗产项目，反映了宁夏民间亲水、惜水、敬水的观念和农业生产习俗。

宁夏引黄古灌区的灌溉管理长期延续政府与民间共同参与的模式，科学有效的管理制度保障了宁夏引黄古灌区的持续发展。历史上军事屯田为推动灌溉发展发挥了巨大作用，工程修建、运营及用水分配均以政府为主导，甚至军事化管理；和平时期则是"公修、民办、官督"

▲ 一百零八塔

213

的工程管理模式。宁夏引黄古灌区通过岁修疏浚渠道、修护工程，一般入冬后卷埽堵塞渠口，渠道疏浚清淤之后，立夏撤埽、开水灌溉。灌溉用水长期实行先下游、后上游的"封俵"制度。目前宁夏引黄古灌区的灌溉管理仍大体延续历史模式，但在机构、制度等具体事务上已有所发展，形成"统一领导，分级管理，专群结合"的管理模式。宁夏回族自治区水利厅下设水资源管理局，统一调配灌区水资源，按骨干渠道渠系下设 10 个管理处，各管理处共下设管理所 109 个、管理段 162 个、正式职工 3700 多人，负责具体供水服务工作；其中渠首管理处专门管理各渠进水闸，按水资源局统一指令实施灌溉用水调度。各市、县水务局负责本辖区的灌溉管理工作，组织、指导农民用水户协会实施支渠以下田间灌溉用水管理。灌区共组建农民用水户协会 925 家，形成了以"水管单位 + 农民用水户协会 + 农户"三位一体的管理体制。

◎ 第四节 惠泽千秋的古灌区

宁夏引黄古灌区始建于秦汉时期，是中国四大古老灌区之一。历代开凿的秦渠、汉渠、唐徕渠、惠农渠等古渠至今仍在汩汩流淌、惠泽千秋。古灌区持续灌溉 2200 余年，不仅对宁夏平原农业、社会、政治、经济、文化发展具有里程碑意义，而且在其运行发展过程中，与长城一起共同见证了游牧与农耕文明冲突、交融发展的历史，见证了宁夏平原如何从"羌戎所居"的游牧地区成为对周边各民族有极强吸引力的经济中心和政治军事战略要地，具有重要的历史价值。

宁夏引黄古灌区无坝引水、渠首工程的选址、渠道坡度的设计等，体现了古人对河流地貌、水文等自然规律的科学认知和精准掌控；总结形成的激河浚渠、埽工护岸、草土围堰等工程技术，具有独特的区域性和创造性价值；充分利用黄河多沙的特点，科学规划淤灌和作物种植轮序改良盐碱地，对当代多沙河流的综合治理以及大型灌区盐碱化防治提供了历史借鉴和参考；从始建时的军事化管理到后期实行的政府与民间共同参与的管理模式，支撑了灌溉工程与灌溉效益的延续发展，在广袤的高原沙漠之间塑造了 1.2 万多千米^2 的大型绿洲农业生态系统和文化景观。

宁夏引黄古灌区在持续运行发展中，滋润了宁夏平原的农业文明，也孕育了灿烂的黄河文化。黄河文化是中华文化的源头和主流，宁夏因引黄古灌区而形成了宁夏特色的黄河文化。黄河文化作为宁夏平原多元文化的源头和主干，还派生出农耕文化、移民文化、回族文化、长城文化、边塞文化等，这些都与历代对宁夏引黄古灌区的开发利用有着直接或间接的关联。

[1] 陈懋列.莆田水利志 [M].台湾:成文出版社有限公司,1975.

[2] 郑连第,谭徐明,蒋超.中国水利百科全书:水利史分册 [M].北京:中国水利水电出版社,2004.

[3] (清)夏尚忠.芍陂纪事 [M].中国水科院水利史所馆藏,清光绪三年刊印.

[4] 安徽省水利志编撰委员会.安丰塘志 [M].[出版地不详]:黄山书社,1995(10).

[5] 安徽省寿县水利电力局.寿县水利志 [M].安徽省寿县水利电力局内部资料,1993.

[6] 廖艳斌.江西泰和县槎滩陂水利文化资料辑录 [J].南昌工程学院学报,2014,33(5):109–110.

[7] 钟燮.江西省泰和县槎滩陂水利遗产的保护与利用研究 [D].南昌:江西农业大学,2016.

[8] 中国文物学会世界遗产研究委员会,湖南省新化县人民政府.世界遗产在中国 [紫鹊界专辑][M].北京:五洲传播出版社,2013.

[9] 许志方,聂芳容,张硕辅,等.湖南紫鹊界梯田自流灌溉体系 [J].中国农村水利水电,2006(04):73–74,77.

[10] 缪启愉.太湖塘浦圩田史研究 [M].北京:北京农业出版社,1985.

[11] 张芳.明代太湖地区的治水 [C]//太湖地区农史论文集.南京:南京农业大学印刷厂,1985,95–100.

[12] 潘清.明代太湖流域水利建设的阶段及其特点 [J].中国农史,1997(5):33.

[13] (清)宗源瀚,郭式昌修.同治湖州府志 [M].《中国地方志集成》浙江府县志辑,上海书店,1993:163.

[14] (北魏)郦道元.水经注·青衣水 [M].[出版地不详]:文学古籍刊行社,1954.

[15] (民国)罗国钧监修.夹江县志·赋役志·水利:四卷,10–16.

[16] 夹江县志·秩官志·政绩：六卷，11-12.

[17] 缪复元.浙东名湖——东钱湖沿湖史迹考略[J].杭州师院学报（社会科学版），1985(2)：74-77.

[18] 谭徐明.水文化遗产的定义、特点、类型与价值阐释[J].中国水利，2012（12）：1-4.

[19] 周魁一.1935年芍陂修治纪事[M].芍陂水利史论文集，1986：22.